惠比特犬

顾问　吴东霖
主编　王　晓

陕西出版集团
陕西科学技术出版社

图书在版编目(CIP)数据

惠比特犬/王晓主编.—西安：陕西科学技术出版社，2010.1

ISBN 978-7-5369-4676-7

Ⅰ.惠… Ⅱ.王… Ⅲ.犬-驯养 Ⅳ.S829.2

中国版本图书馆 CIP 数据核字(2009)第 156519 号

内容简介

这本《惠比特犬》单犬种全彩专辑汇集了国外惠比特犬俱乐部(协会)的权威资料文献，汇集了国内外著名专业犬舍的饲养管理及训练比赛实践经验，详细介绍了惠比特犬的起源发展、犬种标准、评审图解、赛场展示、赛道比赛、赛犬训练、运动伤害急救等方面的知识，并配以大量高质量的图片予以对照说明，知识专业、内容丰富、通俗易懂，是一本全面的惠比特犬专业手册。

出版者	陕西出版集团　陕西科学技术出版社 西安北大街 131 号　邮编 710003 电话(029)87211894　传真(029)87218236 http://www.snstp.com
发行者	陕西出版集团　陕西科学技术出版社 电话(029)87212206　87260001
印　刷	成都时时印务有限责任公司
规　格	880mm×1230mm　大 32 开本
印　张	4
字　数	115 千字
版　次	2010 年 1 月第 1 版 2010 年 1 月第 2 次印刷
定　价	25.00 元

离弦之箭——惠比特犬

在环形赛场上，紧张的气氛让现场观众屏住了呼吸，驯犬师用精准的方式将狗放到赛道中，就在快要接触地面的那一刻它们就开始飞奔，似离弦之箭般飞掠在阳光之下，在人们惊魂未定之中，它们早已飞至终点。对于它们的速度，不要太过于惊讶，因为它们是来自英国的惠比特犬。

惠比特犬是一种美丽而优雅的狗狗。说起惠比特犬的祖先，最有可能是意大利灵缇，因为两者在外形上很相似。惠比特犬外形轮廓清晰，线条清楚而流畅，它的腿修长，身材匀称，美得恰到好处。头部像短剑的尖形，眼睛为椭圆状，双耳小，像玫瑰花瓣。它有一身结实健壮的骨架，腰部扎实，腿部窄，笔直而有力，就像一匹赛马。它绒毛短、质感佳，什么颜色都有。它有一身的好皮肤，在一些文学作品中我们可以找到这样的描述："它的皮肤细嫩到弹指即破"，"它们的身体可以直视阳光"，"在它小小的身躯里装着大量的灵气"。

惠比特犬是一种优秀的赛犬。流线形的身体，匀称的身材，细长的腿，尖尖的头部，这些因素造就了它有着极快的速度，是首选的赛犬之一。在与它同等体重的狗狗中它总是速度最快的，这种似鸟如风的狗狗，曾创下了400米11.5秒的记录，而人类400米最快记录是43.18秒（美国迈克尔·约翰逊1999年亚特兰大奥运会创造），两相比较，我们可以想象它究竟有多快。在国外，惠比特犬赛道比赛很流行，每只参赛犬都有专门的驯犬师,驯犬师的平时训练职责就是要让狗狗赢在起跑线上。

惠比特犬还是猎兔高手。尽管它的专长是比赛,但它在捕猎野兔方面也有很强的能力。它猎兔的业绩可以达到那些牙齿咬合力最强的小猎犬的水平。捕猎野兔是它的一种本能,我们只要稍加训练,就可以将它带至野外享受打猎的乐趣了。

惠比特犬良好的性格让它可以成为我们极好的家庭伴侣。在赛道比赛中它是极富活力的,在打猎或其他游戏时它也是很活跃的,但是在家里它却很安静。它温顺听话,当它静静地坐在家中某个地方时,那高雅的姿态就像家中一件极具装饰效果的艺术品。惠比特犬很有灵性,它聪明伶俐,很快就会适应家庭生活,成为家中的一员,它的智力可以和大多数小猎犬一样令人满意。它与人亲善,没有什么攻击性,乐意与他人相处。它也可以作为优秀的看门犬,尤其是更适合城市饲养,因为它从来不厉声吠叫。

惠比特犬的管理也非常简单。它一点都不难照顾,照看它也不需什么技巧。它的被毛很短,不需要专门的护理和修剪,也不用担心换毛时落得一地狗毛。你平常只需喂以商品狗粮,然后多带它运动运动,平常注意清洁卫生,寒冷时为它添加一件衣服,做好这些工作就行了。

总之,惠比特犬是一种饲养管理较为轻松的狗狗,很适合作家庭宠物,也是一种可以给我们带来多种多样乐趣的狗狗。这种狗狗可爱迷人,对一个要求较高的主人来说,它是再适合不过的了。

编　者

CONTENTS 目录

惠比特犬的参展

惠比特犬的饲养

惠比特犬的训练

惠比特犬的繁殖

惠比特犬的起源与发展

惠比特犬起源于英国北方矿场，距今已有一百多年的历史。

惠比特犬的起源

惠比特犬又被称为“小灵犬”，它并不是一个古老的品种，尽管它在1891年就获得了英格兰猎犬俱乐部的正式承认，但它在英格兰也只有100多年历史。这种犬是来自英国北方矿场穷人家的狗，因为它的体型小，很可能是意大利灵猩和㹴犬之类配种而来的，所以身价不贵。这只平民狗虽然身体小，却有惊人的速度和体能。

英国早期的赛犬活动

有人认为“惠比特”是表示“快速移动”的意思，也可以用来形容“鞭动”的意思。也有人认为它的名字来自古老的英文字“Whippet”表示“小而嘈杂的狗”，后一种说法显然不是很正确，因为这种狗虽是很好的看守犬，却不乱吠叫。

它是随一群在纺织厂工作的工人一起移民到美国的，这群移民喜欢用它来举行赛跑大赛。它的最快速度能在 11.5 秒跑完 400 米，速度达到 35 米 / 秒。

在早期旧时的英国很流行纵犬咬牛、咬熊和斗犬的游戏，后来随着一些动物保护人士的反对，政府也对此类活动加以禁止，当以上这些活动失去吸引力的时候，一些人便发起了用惠比特犬在围起来的场地中猎兔的娱乐活动。以前在围场中猎获兔的大都是英国小灵猩和许多软毛或粗毛的小猎犬的杂交品种。很长一段时间后，一些犬贩子用意大利灵猩的血缘显著地改良了品种之后，出现了惠比特犬这一新的犬种。

惠比特是猎兔高手

最初这个全新的犬种被称为“猛咬龙”，也把围场中猎兔的运动比赛称为“猛咬龙猎兔”，这种运动以在一场比赛中抓到最多野兔的犬为冠军。这种在围场中的猎兔比赛极其野蛮，人们将兔子放入围场中，兔子在惠比特犬的追猎下完全没有逃生机会。这种活动与那些合法的在野外用猎犬捕兔的活动有很大不同，是一种纯粹的赌博活动。猎兔比赛没能兴盛很长时间，不久惠比特犬主要被用来进行赛道比赛。这项活动开始后，赛道比赛在兰克夏和约克夏一直很盛行。在那儿煤矿工人给惠比特犬起绰号为“穷人的赛马”。

比赛的标准赛程是 182.8 米直线路程，方法是唯一的。每只犬有两个陪同者，一个固定人和一个教练。所有的犬都被固定人在开始处的障碍后抓住，然后由教练将它们引至赛道上，使它们快跑并通过终点线，当时人们的叫喊声和毛巾或衣服疯狂的舞动（惠比特犬从小被训练加速跑的标志）都激励着它们。当发令人发出“准备”的命令，每个固定人抓住犬的尾巴和颈部，当发令枪声响起，这些动物被放开。然后它们以最快速

度沿赛道跑向终点后方约 182.8 米处挥动衣服的教练。犬带着不同颜色的项圈以便分辨。

惠比特犬的体重有一些个体差异，因此要设计一个复杂的系统来给优势者增加障碍使比赛公平。它的原理是其他条件相同时，犬越重，跑得应该越快。400 米 11.5 秒是一个记录，任何跑进 12 秒的犬都被认为是非常优秀的赛犬。一般情况下，母犬要稍微快一些，所以通常要相应地被设置障碍。

惠比特犬第一次在美国出现是由马萨诸塞州的英国磨坊主带去的。很多年间，劳伦斯和罗威尔都是惠比特犬比赛的中心。随后，惠比特犬比赛运动在马里兰州，特别是巴尔地摩附近引起公众关注后，就向南发展了。再后来许多巧妙的设计使这项比赛得到迅速发展。起点处用电脑自动控制，开始有了障碍赛，也继赛马之后有了完整的赛制。

惠比特犬是一种理想的展示犬。它们的体型较小，皮毛顺滑，既便于运输也容易管理。它们安静的个性使得它们在展示时有着良好的赛场表现。

视猎犬比赛促进了犬种的发展

◆视猎犬赛道比赛

惠比特犬、灵缇、法老王犬、阿富猎犬、俄罗斯狼犬等都属于靠视觉追逐猎物的高手，这类猎犬我们常称之为视猎犬。

视觉猎犬比赛可能是最古老的犬类运动之一。古印第安人经常利用狗的速度和嗅觉来追逐猎物，后来逐渐演变成一种娱乐活动，但视觉猎犬赛道比赛正式成为一种体育博彩项目，则始于 19 世纪。

视觉猎犬的最早描述可以追溯到公元前 6000 年。在公元前 1 世纪的狩猎文献中，描述了用活的猎物作诱饵的犬只追逐竞赛活动。

有组织地在人造跑道上举行赛犬运动开始于 19 世纪晚期。1876 年第一场犬只赛道比赛（360 米）在英国享登的赛马跑道上举行。1909 年美国建造了第一个赛犬跑道，这项运动逐步发展起来。视觉猎犬赛道比赛规则十分简单，6 只犬从起跑位置出发，进入椭圆形沙地或草地跑道，追逐由电缆或马达驱动环绕跑道内轨道运动的假野兔，依跑至终点的先后确定名次。

20 世纪 30 年代赛犬比赛十分流行，吸引了大量的观众，因为赛程短（350 米、480 米或 760 米），比赛场面火暴，极具刺激性和娱乐性，这为观赛者提供下大赌注的机会，通常前三名赢家分享全部赌金。一些犬因战绩显赫而成了家喻户晓的名犬，有一只叫“米勒”的犬，在 1920 年和 1930 年的比赛中就创下了连续 19 次获胜的记录。

赛犬运动的兴起也吸引了一大批专业的人士的参与，育种专家、训练专家、犬医疗专家分别提供更为专业的技术支持，一些国家开始成立灵猩比赛俱乐部专业协会。英国的赛犬俱乐部从 1972 年起就组织并管理比赛，仅仅在伦敦城内就有 10 多个赛犬跑道。

赛犬运动渐渐在爱尔兰、英国、美国、澳大利亚和摩洛哥等许多国流行开来。这些比赛项目主要由优秀运动犬参加，这些犬都会在培训中心和专业诊所得到特殊的照料。在美国的赛道比场，获得冠军的犬只能赢取很多钱，一场比赛就可以高达 125000 美元。参加比赛的犬种主要是灵提、惠比特犬、俄罗斯狼犬等。

◆美国 AKC 的诱猎比赛

此比赛是针对视觉猎犬设立的，而野外狩猎比赛是针对嗅觉猎犬和运动猎犬设立的。这是它们尽情体现本品种优良特性的机会。对视觉猎犬来说，它们的任务是追捕快速逃逸的猎物，有时要跑很长的距离。诱猎是一种激烈、快节奏的运动，它能从身心上锻炼视觉猎犬。

在 AKC 允许举办的诱猎比赛中，参赛犬要在一块开阔的田野上追随一个人工诱饵一段路程。参赛犬必须至少 1 岁以上，并且是视觉猎犬犬家族的一员：惠比特犬、贝赛吉犬、灵猩、阿富汗猎犬、俄国猎狼犬、伊比赞猎犬、爱尔兰猎狼犬、法老猎犬、罗得岛脊背犬、萨路基犬及苏格兰猎鹿犬。而且参加者必须符合各自品种的要求，不存在缺陷；参赛人必须详细了解各个品种的标准与比赛的规则。

根据参赛犬的运动速度、精神状况、行动敏捷度和追随猎物（一组塑料袋）的能力来打分。参赛犬可以获得初级猎犬（JC）、高级诱猎犬（SC）、田赛冠军（FC）和特级诱猎犬（MC）的称号。许多 AKC 附属的俱乐部都可以为初学者提供诱猎比赛的演习。

惠比特犬的品种标准

惠比特的犬种标准对其整体外形、步态、性情等作了严格规定，是区别于其他犬种的依据。

整体外貌

对称的体型,发达的肌肉和有力的步态是其主要特点。该犬种为中等体型,外形文雅,身体健康,有极强的速度、力量和平衡能力,动作极其协调、准确,是一种真正意义上的运动型猎犬。整体上,它表现出完美的平衡力和充沛的体力,兼具优雅的外形和温顺的天性。这种犬相对单薄的身体经不起太大压力。

流线形的线条能爆发出最快的速度

大小、比例和结构

身高大小 公犬理想的身体高为 48.3 ~ 55.9 厘米；母犬为 45.7 ~ 53.3 厘米。超过 3.8 厘米或低于此下限即为不正常。

比例结构 该犬种身体结构接近方形，体长从前胸到臀部应与体高大致相同或稍高一些。

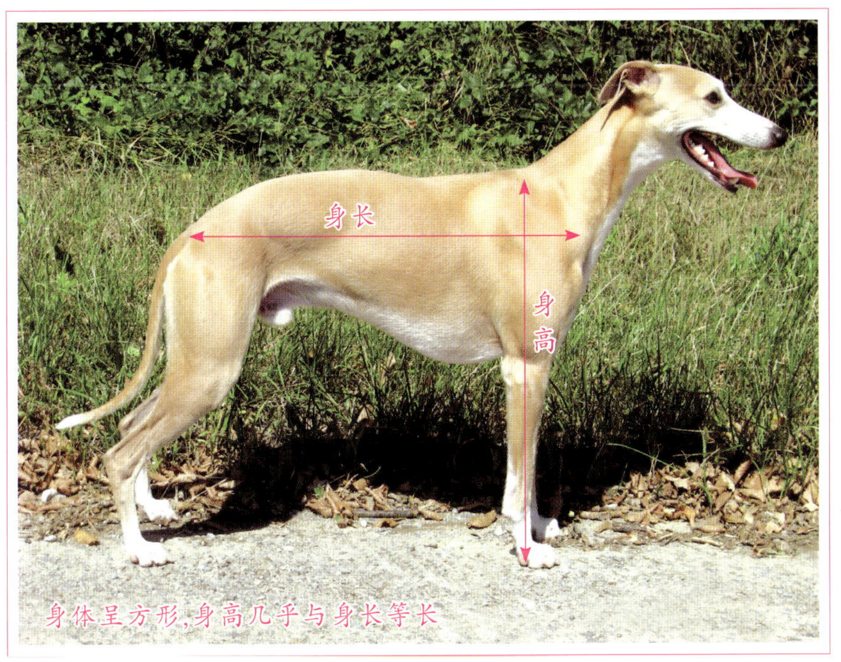

身体呈方形，身高几乎与身长等长

头部

表情 面部表情聪明、敏捷、机警。

眼睛 眼睛又大又黑，两只眼球颜色相同。眼睛为黄色或亮色的，蓝色或暗淡无光的眼睛均不纯。对眼睑的颜色要求则不高。

耳朵 玫瑰色的耳朵，较小，柔软。休息时向后折向颈部，警觉时应保持折叠。耳不能为直立。

鼻子 鼻完全为黑色。

颅骨 颅骨长并且倾斜，两耳之间较宽。

口吻 口吻长而有力，咬合力强。

牙齿 上、下颌牙齿嵌合有力，牙齿白而且坚硬，下颌不应突出，上颚不应超过 0.6 厘米。

颈部、后背和躯干

颈部 颈部长，无垂肉，肌肉有力，拱起时无喉音，与肩部连接处变宽，线条柔美。颈部细短或“母羊颈”均为缺陷。

背部 背宽，结实，肌肉有力，长度超过腰部，后背光滑，呈优雅自然的拱形不可有肩胛后的倾斜，轮状后背，扁平后背或扁平臀部。

胸部 胸部非常深，尽可能的接近肘部，肋骨弹性良好但不为桶状。

前肢 前肢间的空隙很小，不会出现凹陷。

尾巴 尾长，逐渐变细，夹在两后腿之间时贴于髋骨。当犬运动时，尾放低，向上轻微弯曲，尾应不高过背部。

前躯

肩部 肩长，肌肉扁平，肘部竖直。肘部不能偏向内或外侧，应笔直向后，肩部曲线应柔和，肩部不能过窄，不能限制其自由活动。

前腿 前腿笔直，给人体力充沛的感觉；前腿过短、肌肉过多或肩部负荷过重均不行。

腕部 腕部强壮，稍微弯曲，比较柔顺。不可有弓形腿，肘部靠得不可过近，腕部无力或直立均不合格。

脚部 前、后脚均有厚实的足垫，脚不能为扁平、歪斜或过于柔弱，足垫不够厚。脚趾长，不分开并弯成弓形，有的可能无狼爪。

后躯

长而有力，大腿宽，肌肉发达，膝关节弯曲，肌肉长并且扁平，向跗关节延伸，跗部靠近地面，不可为镰刀状或“母牛状”。

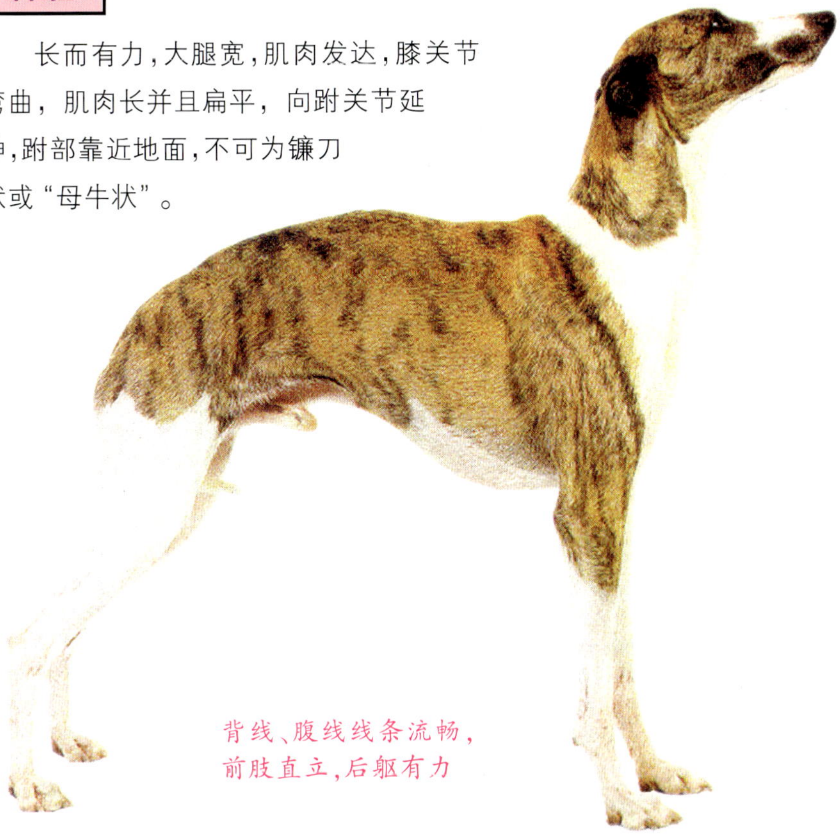

背线、腹线线条流畅，前肢直立，后躯有力

毛短，细密光滑

被毛

毛短，细密，光滑，质地坚硬。因运动或事故留下的瘢痕或旧伤不易看出。

颜色

要求不高。

步态

后腿有力，前腿匀称，运动灵活。运动时前腿伸出，靠近地面，后腿推动。从前面看，运动时四肢不偏向里或外，四脚却互不冲突。运动时无腕部提高的动作。

步伐灵活，有力

性情

温顺，友好，与人亲善，但运动时高度兴奋。

失格条件

超过或低于标准身高范围1.3厘米。蓝眼睛或虹膜呈白色。上下颚突出不超过0.6厘米以上。除了毛短、细密、光滑、质地坚硬以外的任何缺陷。

相关链接

惠比特与意大利灵猩的区别

惠比特犬有着意大利灵猩的血统，它们在外观上也极为相似，但两者在体型方面还是有着明显区别：意大利灵猩是世界上最小的视猎犬，体重为5千克左右；而惠比特犬体重则在12千克左右。身高上惠比特犬45~56厘米，而意大利灵猩为32~38厘米。

惠比特犬评审的要点

通过对惠比特犬各部位进行详细解析，这有助于我们更全面地理解该犬的犬种标准。

部位名称图解

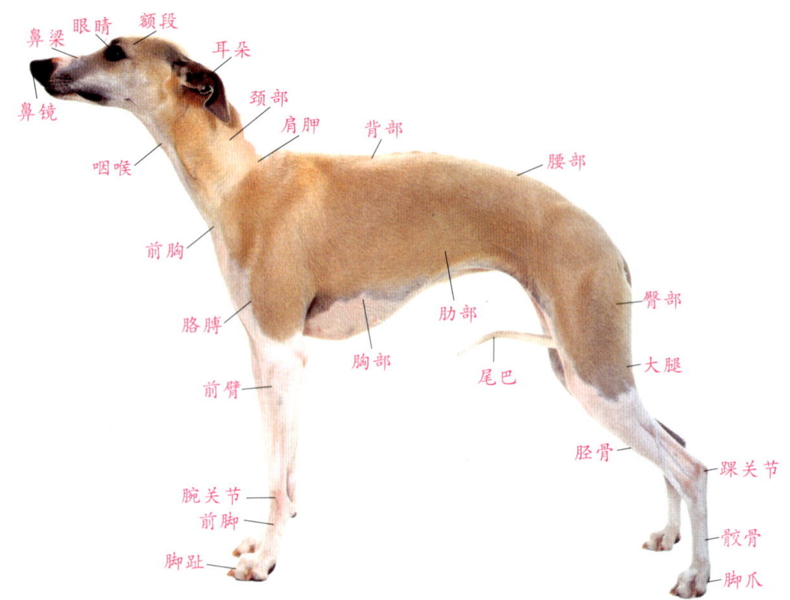

骨骼名称图解

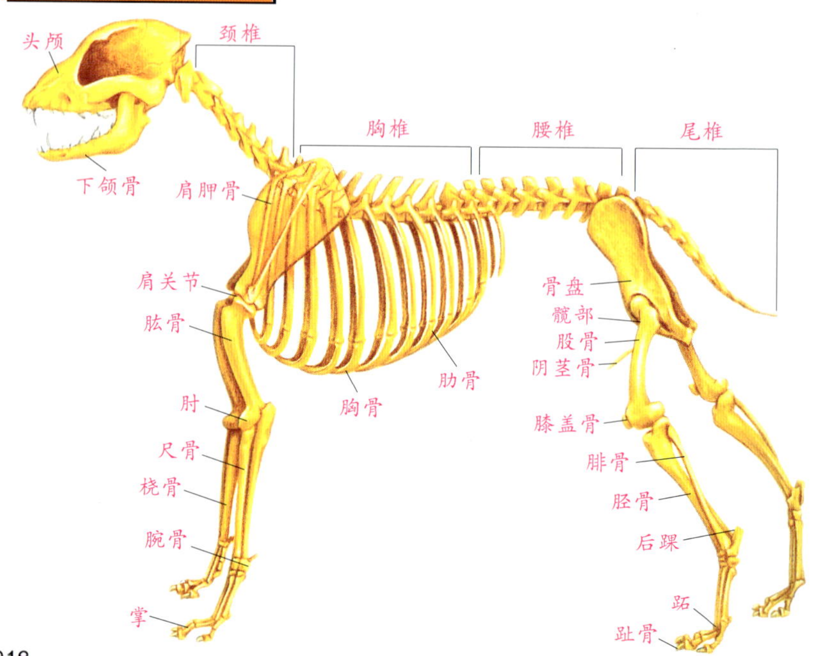

犬种样式的整体评价

犬种样式就是惠比特犬良好外形轮廓和正确动态的结合。在评审中，许多审查员对于参展的惠比特犬的评价，他们指出的许多缺点和优点是相同的。犬种样式是审查员评价一只犬的核心，只有当一只犬具备了该犬种的样式，审查员才会认可这是一只符合标准的犬。惠比特犬作为一种以速度见长的犬种，其动态与外形轮廓都是非常重要的，两者是紧密相关的。符合标准的外形轮廓和完美的动态，这两者无论缺了哪一方面，都不会是一只完全理想的惠比特犬。

没有一只犬是完美的。审查员会从整体去衡量一只惠比特犬，他并不是只注重惠比特犬某一部分，如头部或外部线条，他们会从各个方面去考察衡量这只犬，他们还会用手触摸犬的肌肉是否结实，骨量是否充足，动态是否完美，表情是否正确。从各个方面综合完整全面地评价这只惠比特犬，确认这只犬是否协调、均衡。

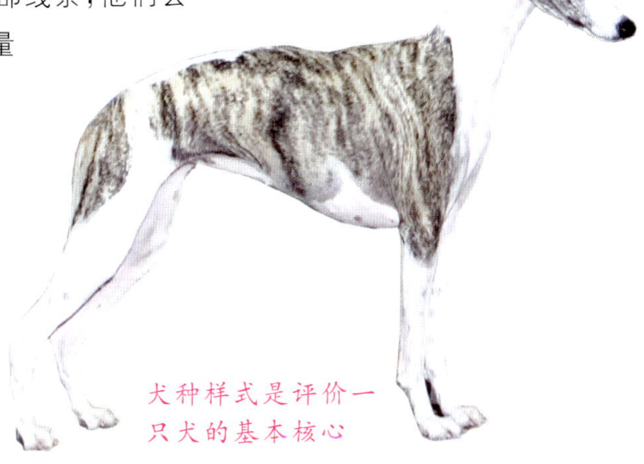
犬种样式是评价一只犬的基本核心

曾有人对 27 位资深审查员（都是惠比特繁育专家）作了一项专门问卷调查，要求这些审查员举出至少 4 个他们认为惠比特犬所必须具备的最典型的特征，以作为这个犬种评审时首先考虑的要点。这些资深审查员一致认为外形轮廓和步态最为重要，他们认为外形轮廓包括正确的背部、腰部曲线、正确的腹线、平衡和肌肉状态。另外健康状况被排在第 2 位。审查员们还希望看到惠比特拥有正确的头部比例，一双大而有神的眼睛以及聪慧美丽的面部表情。

前躯评审图解

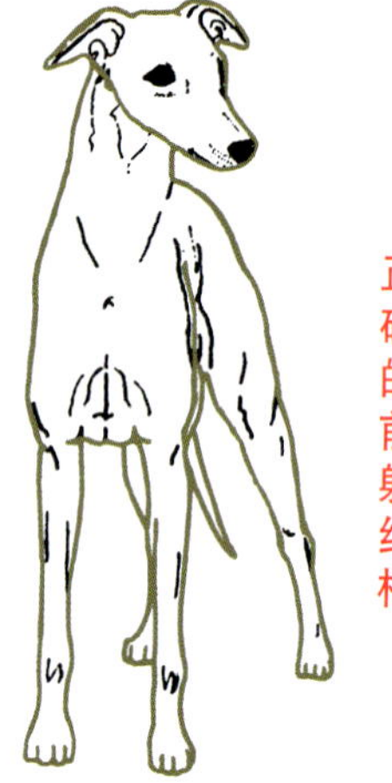

正确的前躯结构

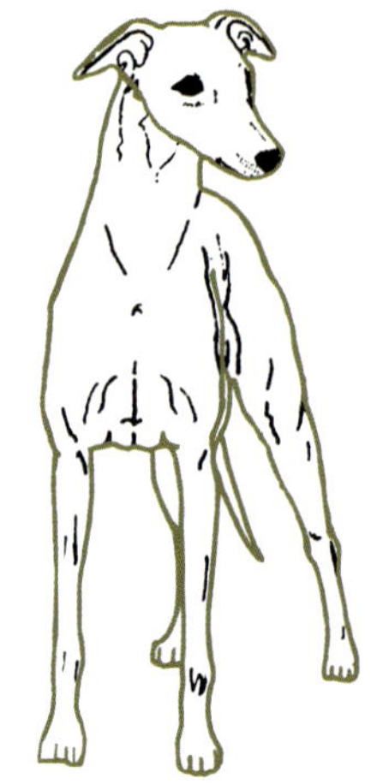

不正确的前躯：两腿间的距离过宽，前胸过于凸出

后躯评审图解

尾巴评审图解

审查员评审的重点

以下是总结27位资深审查员（都是惠比特繁育专家）对惠比特犬标准评审重点的排序：

a.肌肉与力量的平衡和优雅美丽的外部轮廓；

b.外部轮廓的协调与匀称度；

c.背线在腰部自然而优雅的拱起；

d.用最省力的动作达到最大限度的步幅延伸；

e.肩胛骨长，从侧面看肩胛骨后置良好；

f.身体近方形，长高相等，或体长稍大于体高；

g.腹部收缩明显；

h.颈部有相当的长度，颈脖轮廓清晰，没有垂肉，肌肉强健；

i.胸骨很深；

j.前肢笔直，有相当的力量和充分的骨量；

k.眼睛较大，颜色黑；

l.膝关节要有良好的弯度；

m.性格温和，友好；

n.呈剪式咬合；

o.玫瑰耳形，形状小且精致；

p.从两腿中间拉起的尾巴，需延伸到髋骨。

审查员把评审的重点进行排位，并不是说列在后面的几项就不重要了，它们也是非常重要的，只是相比较而言，前面的是审查员优先评价的项目。

审查员认为主要的缺陷

这27位资深审查员还根据标准，把他们认为最主要的缺陷依次排列如下：

a.前躯延伸不足，后躯动力不强；

b.镰刀跗关节或牛样跗关节；

c.上臀短；

d.臀部过直；

e.腰部太过拱起；

f.脚趾扁平、分开；

g.前腿系部疲软或过直；

h.前肢间距过宽；

i.肘部内收或外翻；

j.脖子粗短；

k.肋骨呈桶状；

l.下颌弱；

m.尾巴高于背部；

n.竖立的耳朵；

o.太过明显的额段；

p.浅色的眼睛。

绝大多数的裁判对最严重的缺陷——前躯延伸不足，后躯动力不强——认同趋于一致。这反映出审查员对于这一犬种认为其外形与动态十分重要。

审查员的附加意见

这27位资深审查员对现在展场中展示的惠比特犬提出了一些附加意见，这些意见可以作为惠比特繁殖者的参考：

a.现在许多在展场展示的惠比特犬缺乏应有的曲线，头部普遍过于狭窄，惠比特本应该是大眼睛，现在展场中的却有很多是杏仁眼。

b.惠比特犬是善于奔跑的犬种，结构尤为重要，繁殖时不要让颜色影响了结构。

c.惠比特犬应是肌肉强健和活跃的犬种。无论是用眼睛观察还是用手触摸，从鼻子到尾巴的线条应是非常流畅的曲线，不应出现过于突出和鼓起的部位而影响视线或触觉。它的运动强而有力，步伐轻盈，毫不费力，动态优美而高雅。

d.这是个很活跃的犬种，必须时刻保持健康的状态。外形匀称，整体平衡，步态有力，却不夸张。

e.现在的惠比特犬体型有越来越长和越来越大的趋势。

f.惠比特犬的体型变长，后躯角度过度。这样的体型不能在狩猎过程中极速转弯，失掉了该犬种的灵活性。

g.现在一些惠比特犬有几处地方需要改进：前躯角度过直，骨量过细，头部变得越来越窄长，眼睛的形状变成了杏仁眼。

h.审查员期望看到一只外形轮廓优雅，充满力量感的惠比特犬。惠比特犬不应有身体虚弱，身材瘦弱的感觉。

i.惠比特犬最重要的是优雅和平衡，肌肉感和运动感。

j.犬种样式就是外形轮廓和正确动态的结合。

k.犬的身高须在标准范围内，否则就是失格。

审查员对轮廓和外形的审查

有人根据参加展示的6只公犬和6只母犬的外形轮廓，将它们真实的描绘下来，供审查员们评判。以下是27位审查员对这一组犬只的综合评价：

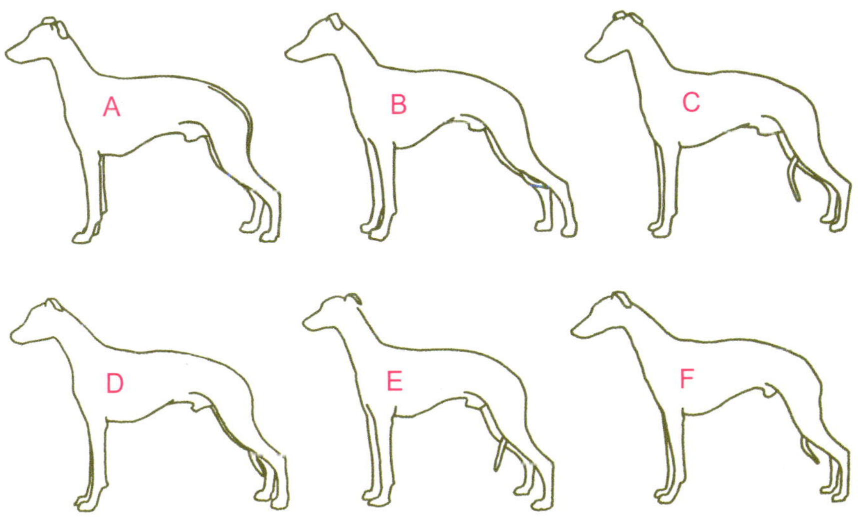

惠比特犬公犬组里面排在第一的，票数最多是公犬A。喜欢这只犬的审查员对公犬A的评价是：所有公犬中前后躯最为平衡的一只犬；外部轮廓线条非常流畅；上臀后置正确，肋骨深且长，整体匀称；拥有动人的背部和身体线条；优雅，流畅，有力；拥有最正确的背线和形状。

惠比特犬公犬组里面排在第二的是公犬 B 和公犬 C，这两只犬的得票数几乎相同。喜欢公犬 B 的审查员认为该犬：腹线优美；外部轮廓正确；身体结构比例正确。喜欢公犬 C 的审查员认为该犬：腰部长度正确，有肌肉感，脖子纤长，胸骨深，身体各部位角度正确；外部轮廓匀称；整体有平衡感，下颌和小腿强壮；线条流畅优美，跗关节短；背线和头部适当。

惠比特犬母犬组里面排在第一的，票数最多是公犬 Z，喜欢这只犬的审查员对它的评价是：腰部长度正确，身体曲线柔和，良好的角度和脖子；整体轮廓平衡；优雅，健康，小腿强壮；是这个犬种的代表，拥有正确的比例。

母犬组里面排在第二的是母犬 V，喜欢这只犬的审查员对它的评价是：外部轮廓的线条接近标准，曲线优美，前躯和后躯极好，腹线良好，头部和脖子都很漂亮；前躯好，整体平衡感很出色；美丽，优雅；跗关节离地面的距离短；看上去非常有活力；拥有正确的比例，外表轮廓看上去很有母相。

以上犬只中，平均每一只公犬都至少有 2 名审查员给了第一名，而且每只公犬至少有 4 个审查员没有给过它第一。每一只母犬也至少有 2 名审查员没有给过第一名。

在这 12 只惠比特犬中，母犬的整体实力要好于公犬，审查员认为这组母犬所呈现的外部轮廓要比公犬的外部轮廓更接近这个犬种的犬种样式。BOB 由获得票数最高的母犬 V 夺得，票数排名第二的，有希望获得 BOB 的是母犬 Z。只有 6 个审查员把 BOB 的成绩给予公犬，也只有一个审查员把 BOB 给予公犬 E。

惠比特犬的参展

犬展是一个犬迷展示繁殖成果，交流饲育经验的欢乐盛会。参加犬展既能增进交谊，促进交流，更能推动犬业的健康发展。

国内外犬展一览

犬展按级别可分为国际性犬展、全国犬展、区域性犬展及各俱乐部（协会）本部展。这些不同级别的犬展按规模还可分为全犬种展和单犬种展。全犬种展分为运动犬组、猎犬组、工作犬组、㹴犬组、玩赏犬组、牧畜犬组等。单犬种类如惠比特单独展等。

惠比特犬获得西敏寺犬展的全场总冠军

西敏寺犬展 西敏寺犬展起源于一个世纪以前，那时，纽约的一些养犬爱好者经常聚集在西大教堂(西敏寺)饭店举办各种交流活动，并一起组织策划了第一届纽约犬展。现代的西敏寺犬展几乎成为当今世界最高级别的犬种展示比赛，世界各地的名犬都以在西敏寺犬展中夺魁为最高荣誉。报名参赛的犬只无一不是身经百战的各地冠军名犬，也正是因此，每届西敏寺犬展的参赛犬只数目都不算太多，基本保持在 3000～5000 只左右。

AKC优卡杯犬赛 美国 AKC 优卡国家冠军杯（也称世界挑战冠军杯)，是全球一年一度的犬界盛事，每年至少都会有来自 40 多个国家或地区的排行第一的犬只参与此盛会一比高低，以争夺冠军中的冠军。2008 年第八届年度 AKC 优卡杯国家冠军赛在加利福尼亚长滩市举行，来自美国 50 个州和世界 52 个国家或地区的 2300 只优质犬只同场竞技，争夺高达225000美元的奖金和世界最高荣誉。

克鲁夫特犬展　克鲁夫特犬展是由狗饼干供应商查尔斯·克鲁夫特于1886年首创，是英国规模最大，规格最高的全犬种犬展，每届犬展都吸引了全球各养犬俱乐部或协会参与。

意大利米兰犬展　意大利米兰犬展也是世界上最具特色的几大犬展之一。和其他重要的犬展不同的是，米兰犬展的参赛者除了那些专业的养犬者以外，更多的是业余的养犬爱好者和名犬发烧友。他们之中有来自意大利本土的，也有来自欧洲邻近各国的。

获得全场总冠军的惠比特犬

国内犬展　我国大陆的犬展历史较短，上世纪90年代末期方才由一些个别城市的养犬协会小规模的举行，在全国范围内影响不大。随着养犬业的发展，各大中城市纷纷成立犬协或俱乐部，各协会、各俱乐部之间加强了沟通，与国外许多犬协或俱乐部的交流与合作也得到了加强。近年来这些犬展逐渐与国际接轨，邀请国外的专家担任裁判，无论在犬展规模上，还是参展犬只的质量上都有很大提高，成为促进国内犬业发展的交流盛会。

犬展的分组方法

现在国内犬展一般是采用美国养犬俱乐部（AKC）和世界畜犬联盟（FCI）的赛事分组；不同的犬展，它的分组方法是不同的，犬主必须仔细的查看赛事指南。如果赛事是按美国养犬俱乐部（AKC）标准的话，所有犬只分为七大组群，如果是按世界畜犬联盟（FCI）的赛事分的话，所有犬只分为十大组群。在此基础上，同犬种又分为公、母两组，然后依月龄的大小又分为幼犬组（3～6 月龄、6～9 月龄）、青年犬组（9～12 月龄）、成犬组（12～18 月龄、18 月龄以上）数组。单独展分组方式有许多种，但通常是分公、母两组，而后又根据月龄大小分为特幼组、幼小组、幼犬组、未小组、未大组、冠军组数组。

相关链接

犬展常用术语

BIS	全场总冠军
RBIS	全场后备总冠军
BPIS	全场幼犬总冠军
BJPIS	全场特幼犬总冠军
KING	最佳公犬
QUEEN	最佳母犬
BIG	犬组群冠军
BOB	单犬种冠军
BOS	最佳相对性别
WD	单犬种优胜公犬
WB	单犬种优胜母犬
BOW	WD 和 WB 之中的获胜者
BISS	单独展的全场总冠军

裁判审查方法

先依次进行个别审查，由审查员对参展犬只逐一检查其牙齿、咬合、骨骼、睾丸等是否健全，是否具备参赛资格后，再做比较审查。由指导手牵引参展犬只绕行审查场，进行步容、立姿、秉性及动态、静态等审查。除了根据各部分标准来评分外，尚要注重整体的均衡及动态的美感，来决定谁能从中胜出。

审查员评价一只犬是从整体到局部，从静态到动态进行综合审查

参展前的训练

如果你想让爱犬在赛场上取得好成绩，你必须在赛前进行针对性训练。当你初次套上牵绳时，它会因为不习惯而挣扎，你可用食物来诱导它，这样很快地它就能和你配合，而习惯让你牵着走了。这种训练最好是选择饿着肚子的时候，效果最好。

刚开始训练时，当你喊一个口令，例如“定”，它可能不知道你要它做什么，而仍然低着头不理不睬，这时就要用力地扯一下牵绳，以引起它的注意，使它把头抬起来看着你，这时你就将食物递给它，并且称赞它。如果它跳起来，或站立起来时，你就把牵绳往下扯，并斥责“不行”，并把食物拿开，等做对了再给它。如此重复训练，几次以后它就会明白你的用意，并愿意配合，这时你可以慢慢地把它“定”的时间加长，并且开始调整姿势。首先试着在“定”的时候，弯下腰用手扶起它的尾巴，让它习惯你的这个动作，然后试着抬一抬它的后躯，把后肢的位置摆好。一般这种训练可以在你牵走的中途停下来做一下，这样在赛场上更容易配合。另外要注意的是在“定”的时候，犬和你的距离不要靠得太近了，最好有 1～2 步的间隔，如果它靠得太近了，你可以弯下膝盖，顺势把它顶得后退一点，或者它站得不好时也可以让它转个圈重新来过。

参加狗展的惠比特犬应表现出高度的自信，并对调教、姿态和要求它做的动作十分熟悉，才可能获得审查员的青睐。狗的风度是展览评判的决定性因素，良好的风度来自良好的调教。

赛前的准备

决定参加犬展后，当然希望爱犬能以最佳状态参展而一举成名，那么赛前有充分准备可以使你信心十足。根据一些专家的经验，应做好如下准备：

a.参展犬在赛前已预防接种，不然易感染某种传染疾病。

b.犬体应提前清洁。

c.提前 1 天到达，缓和因长程旅途引起的疲劳。

d.犬展当天应提早到会场稍事休息，并避免日晒过度。

e.参展当日犬只给食量减半或空腹，以免参展中途呕吐。

f.准备犬只饮水及其训练用的精美食物。

g.不要殴打或恐吓，以免怯场。

h.保持轻松，并保持个人风度。

完美地展现静态姿势

赛场桌上定姿审查

当审查开始时，就要做个别审查，在个别审查时，摆在桌上的姿势是很重要的，因此桌上的训练要越早开始越好，大约两个月前即可开始。

此时你就要依顺序把犬放在审查桌上，摆好姿势接受审查。指导手要以最完美的方式在最短时间帮助惠比特做好定姿动作。将一只手放在犬的胸下部以抬高前端，然后将手移至颈部以做出正确的头部姿势，同时另一只手尽可能地调整后腿和尾巴，要像是爱抚狗而不是摆布它。轻触狗的最后一根肋骨下方，能使它收紧腹部肌肉，以达到最佳效果。摆姿势的具体动作顺序如下：

a.把犬抱到桌上，将牵绳的另一端盘在指导手的手上。

b.用右手托住犬的下巴及前胸。

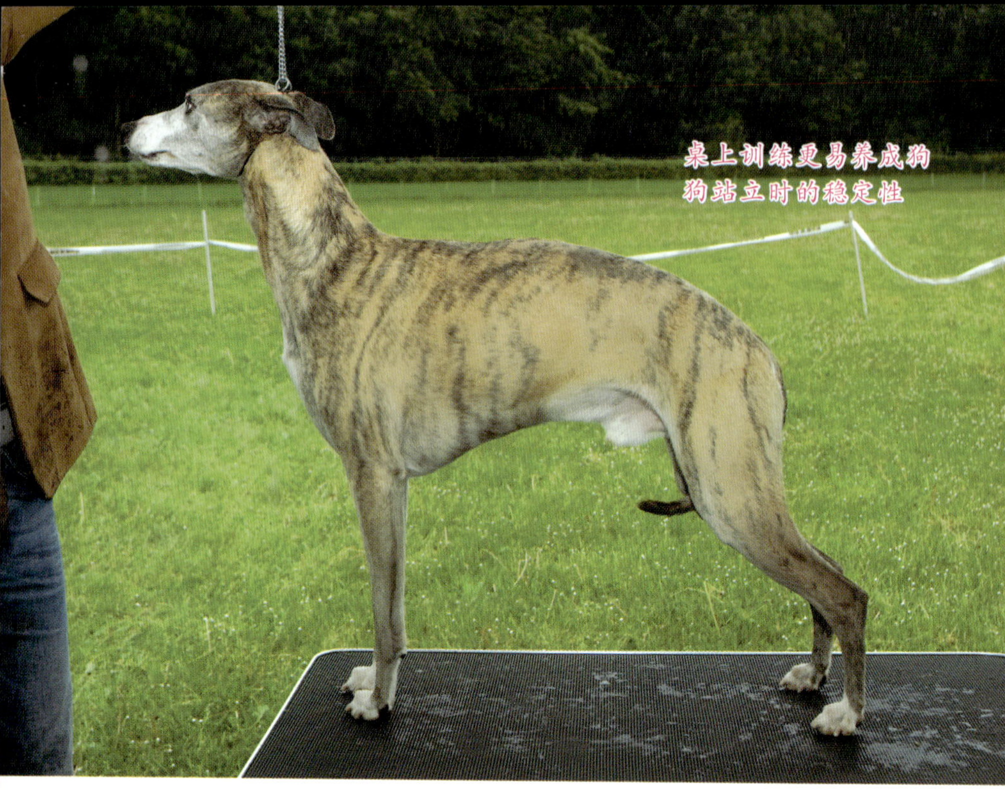

c.用左手托住犬的后躯，把两腿之间的臀部托住，让四肢平踩在桌上。

d.如前脚站得不好，要调整时，应用托住下巴的右手，将两脚的距离排好后由前胸托起后再放下，看看位置是否理想，如仍不好则再重复一次。

e.如后脚站得不好时，则用托住后躯的左手，将犬由两腿之间的臀部托起后再放下，如仍一前一后或呈牛肢状或 O 型时，则再重复一次，并可用手把后肢关节拉成适当的角度。如你的爱犬背线不良或中间拱起，则可把后肢的立足点拉离前肢远些(拉得后面一点)，这样可以使背线较直，也可使前肩胛骨看起来较高。

f.待四肢的位置正确之后，用左手轻轻地扶着尾巴，右手轻托下巴，就可以把桌上的姿势摆好了。

g.如果你的爱犬是一只很活泼、胆子很大的犬，放在桌上以后不能安静，那么你就抓着它的尾部，将它放到桌子边缘，让它的前脚踏空，或后脚踏空，使它觉得如果不安静就会有掉下去的危险，它就会安静下来。如果你的爱犬很胆小，套上牵绳半天都不敢动一下，甚至一直发抖，怎么都不肯走时，那么你就该放弃它，它是不适合参加犬展的。

赛场步姿审查

在步姿审查中，裁判希望看到的是步伐从容轻快、有弹性的犬。调教者有责任提供足够的空间和自由，让狗以正确的姿势跑动，同时自己行动时也不能阻碍狗。调教者必须选择跑动的线路，指导手应该先熟悉场地。

惠比特犬在场地里是美丽优雅的，它强有力的后驱和完全伸展的前驱一起协调工作，要使狗的步伐达到最佳效果，需要先测定其小跑的速度。在家中练习时，可以请有经验者在一旁辅导。确定犬的正确步幅和皮带长度是非常重要的，最优秀的指导手和犬一起在场中表演时，会如隐形人般，让犬看起来似乎是完全自由地行动，实际上，这也是所有调教专

在行进中要展示出惠比特犬优雅的一面

指导手的赛场礼仪

接触评审时 在接受评审的个体审查时，不能对评审讲话，但是要行注目礼。除此之外，要始终保持用正面对评审。

调换位置时 当评审要调换位置时，要从其他人的后面向前走，并且要跟其他人的狗保持距离，以示尊重。

开始起步时 当评审要求全体人员共同跑环形路线时，处于第一位的人应该与最后一位做示意性的沟通，当确定最后一位已经准备好时，才开始起步。

等待审查时 等待审查时要跟前面的狗保持一定距离，这个距离根据场地和狗的大小而有所变化，但是原则上，无论体型大小的狗，至少要保持两倍于犬只身长的距离。

比赛结束时 比赛成绩得出时，应该主动向获胜者表示祝贺，向评审表示感谢。

无论任何时 无论任何时候，都要保证自己的狗不要接触到别人的狗，并且要尽量确保自己的狗不要影响到其他狗的状态，这是比赛中的原则。

指导手应尊重比赛，遵守赛场规则

相关链接>>

指导手用左手牵犬的原因

指导手是犬展赛上的灵魂人物。指导手的工作是非常专业的，选择什么样的犬参赛，使用什么样的绳子，怎么运用牵引技巧调整犬的状态，如何和裁判互动，甚至连日常的犬只管理、营养搭配等知识都是必须掌握的。

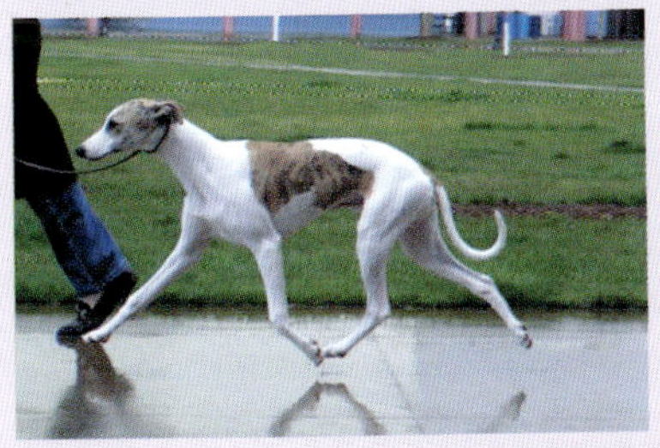

赛场上犬才是主角

既然是犬展，那惠比特当然是主角，而作为指导手，我们甘当陪衬。其实无论指导手做任何动作，使用任何技巧，其最终目的只有一个，那就是要秀出惠比特最有魅力的姿态，让它们趋于完美。

为了更好地秀出惠比特，让评审对惠比特留下更深刻的印象，指导手会始终让惠比特的位置保持在评审与自己之间。所以，在赛场上，他们按逆时针方向跑环形路线时，惠比特必须位于指导手的左侧。

不绝对是用左手

指导手并非永远用左手牵犬，有些时候，他们也会用右手的。但事实上，指导手用右手的最终目的还是为了更好地展现惠比特。在按“三角”形、“L”形路线行进时，有些时候，评审会位于指导手的右侧，这时候，指导手会在合适的时机将惠比特巧妙地牵换到右手，以保持惠比特的位置处于指导手和评审之间。

养成良好的随行习惯

长期让惠比特在主人的左侧行走，有利于好习惯的养成，使它们更好地习惯随行。主人应该培养惠比特，让它们走在自己的内侧。这样不但可以培养它们的好习惯，还可以减少意外的发生。

指导手的着装

就像参加正式的宴会一样，上场比赛，指导手必须要穿正装。在英国，早期的犬展是只允许有社会地位的人参加的，所以，着装的要求是对传统的一种沿袭，同样也是对比赛的尊重。一个有经验的指导手不但可以从着装上体现美感，展现自我，更能够用服装去衬托参赛犬的魅力。

狗狗才是犬展的主角

服装的颜色要衬托狗的线条 惠比特犬的被毛有各种颜色；这样指导手衣服颜色的搭配可简单化，上场时，不要穿接近犬只颜色的服装就可以了，否则，就会影响评审的视觉效果，让人感觉狗的线条和轮廓已经被同样的颜色所模糊了。

着装满足比赛需要 就是指你的服装要尽可能的为比赛服务，例如长度适中的上衣可以展现跑动中的风采，又不会因为飘动的下摆而影响狗的注意力；肥瘦合适的裤子可以让你行动自如，又不会显得臃肿懒散。最重要的一点是在服装的右侧一定要有一个较深的口袋，这个口袋可以放置一些必备的物品，例如吸引狗的诱物，整理长毛狗的排梳等。但是要保证在跑动的过程中这些东西不会掉出来。

着装体现个性 这一点往往被很多人忽视，就是虽然是穿正装，但是也要包装自己，展现个性魅力。例如在样式、颜色、细节上可以融入时尚细节，让观众和评审对你过目不忘，这样就能让更多的人对你和你所带的犬只留下深刻印象。

BIS 的六大要素

BEST IN SHOW 是领奖台上的掌声，是聚光灯下的荣耀，是犬展中的最高荣誉。这种荣誉属于冠军犬，更属于那些深爱着、呵护着、珍惜着它们的主人。

“BIS” 就是 “全场总冠军” 的简称。我们看到当一只参赛犬经过重重考验，淘汰各个对手，最终获得 BIS 的时候，你的心中是否也有这样的疑问，究竟什么因素能让这只狗狗获得了冠军呢？

◆接近标准

评审比较狗的优劣，最基本的方法就是给狗打分，而越接近犬种标准的狗得分就会越高。很多人会疑问，当几个不同的犬种在同场竞技的时候，评审又是怎样做出判断的呢？其实答案依然是打分。越是接近自己标准的犬得分就会越高，最后获胜的机会也会越大。

所以，最基本的要素就是参展犬本身是一只血统优良的纯种犬，而且要尽量避免出现大的缺陷。

冠军名犬

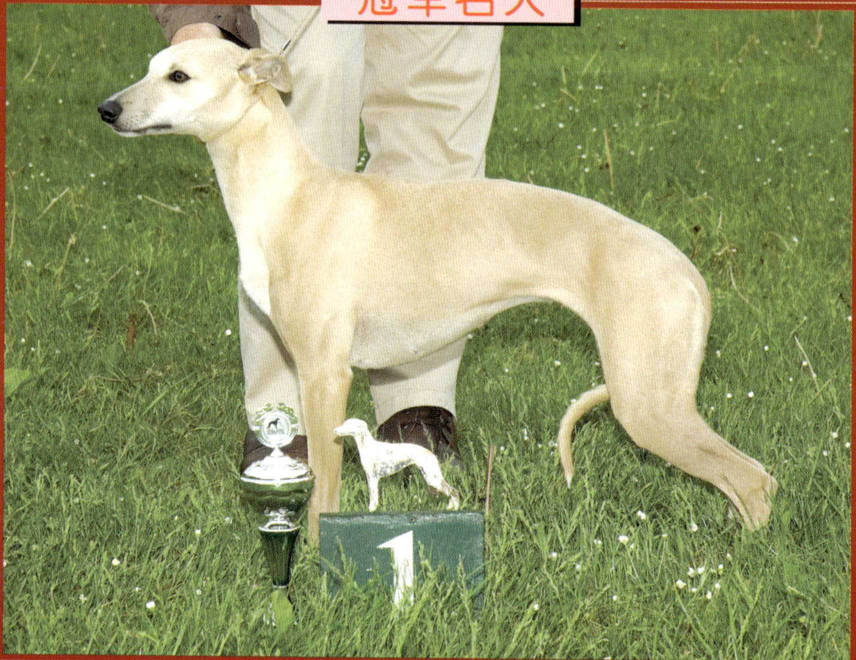

冠军名犬

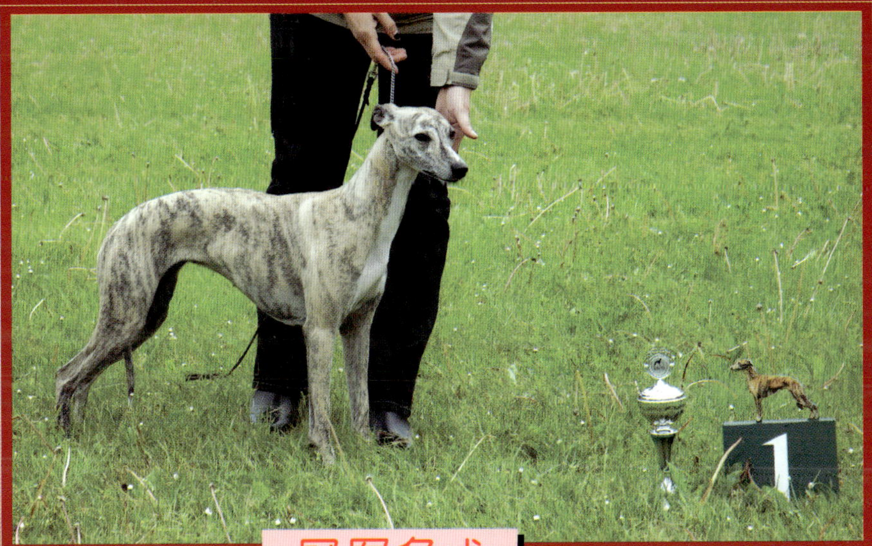

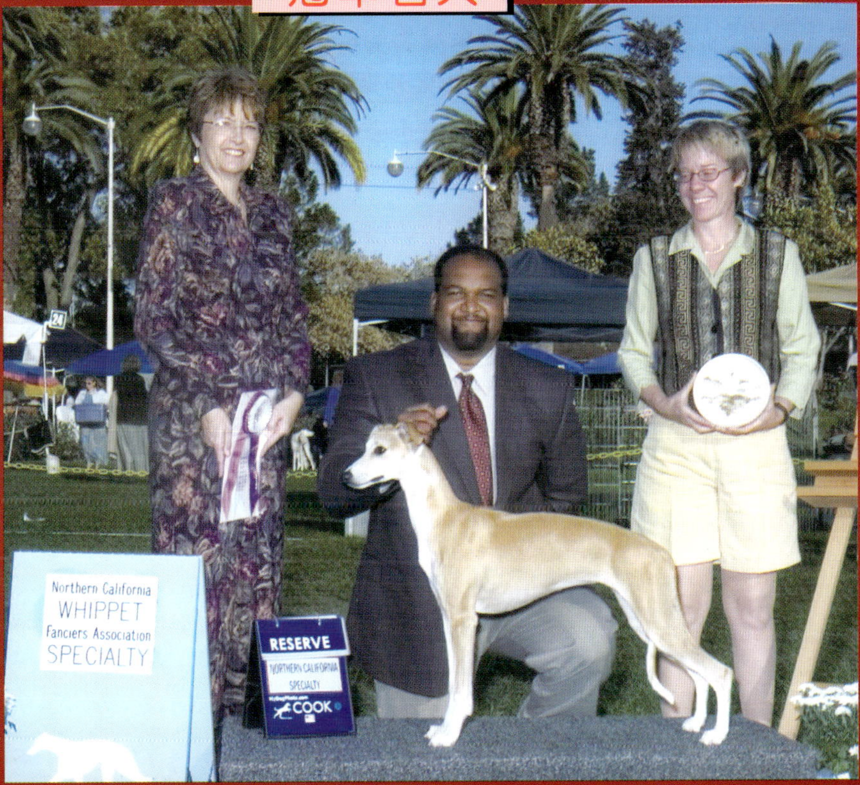
Northern California
WHIPPET
Fanciers Association
SPECIALTY
RESERVE
NORTHERN CALIFORNIA
SPECIALTY
COOK

不失公正的情况下，评审根据个人的偏爱来决定比赛的成绩，是无可厚非的。既然报名参加犬展，就意味着要接受比赛的结果，并且尊重评审的决定。

指导手是赛场的灵魂人物

◆临场发挥

在犬展中，经常会出现两只狗在外观、美容上水平都比较接近的局面。这个时候，指导手就成为了决定胜负的重要人物。一名优秀的指导手，会对参展犬的管理、训练、美容技术样样精通，他可以利用丰富的经验、敏锐的思维、细致的观察来调整狗的状态，调动狗的情绪，掩盖狗的缺陷；以优美的姿态，轻盈的步伐，高超的技巧去展现一只狗最完美的一面！

惠比特犬的饲养

惠比特犬的常规饲养管理与其他犬只并无多大区别，但作为运动犬或比赛犬，在饲育方法及营养搭配上则需进行有针对性的特殊管理。

四季常规管理

春季管理常规管理 春天是母狗发情的季节，要看管好母犬，防止偷配发生。春天也是换毛期，要勤梳刷被毛。春季，犬的新陈代谢较旺盛，要让爱犬在户外好好运动一下，有助于消除冬天因为天气不佳而积累的压力；冬天多为阴天，极易导致日照不足，在春季尽可能选择阳光灿烂的时候作为运动时间。春季容易感染寄生虫，所以当感觉犬只有点异样时，应取大便样送至宠物医院作粪便检查。春天要特别注意传染病的预防，外出时尽量不要与其他狗只接触；要做好狗场（舍）及其周围的消毒工作，不要让陌生人进入犬场（舍），若要进入，也应采取消毒隔离措施。

夏季管理常规管理 梅雨季节易患皮肤病，因此，要特别注意皮肤问题，可以适当增加洗澡的次数，或常用干净的湿毛巾擦净皮毛。夏季气温高，食物易发霉变质，食具中的食物不要有遗留，避免食物中毒。要避免在中午时间运动，因为阳光太强烈，容易中暑，最好选在清晨或黄昏，运动时间可以比其他季节短。夏季要为狗狗备好随时可以饮用的清洁饮用水，防

夏季要随时备好饮用水

止狗狗饮用水不足，或脱水事件发生。

天气冷时一定要套上外套防寒

秋季管理常规管理 秋季是运动的最佳季节，在户外要好好运动来弥补夏天运动量的不足；可多让狗狗进行追逐运动，但一定要视狗狗当天的身体状况而定，不能勉强。秋天是为冬季贮备抵抗力的时期，一定要加强营养。为了防寒，会换上冬天的毛，要经常梳刷。

冬季管理常规管理 饮食要比平时摄取更多高蛋白、高热量的食物。为了犬的身体健康，冬天也不能停止运动，可以趁有太阳的时候带犬外出运动。惠比特犬被毛很短，较怕冷，易感冒；在寒冷的季节，要注意腹部的保暖，带犬外出时应给它穿上外套以保护胸腹部不受寒；当犬在家中休息时，可将狗屋放在温暖的地方，并在地上铺垫子，达到保温效果。

犬只需要的营养物质与标准

维持动物身体发育和健康的必要食物成分称为必需营养。狗的必需营养大致可以分为蛋白质、脂肪、碳水化合物、维他命、矿物质及水。在此之前，必须了解各种必需营养的功能和摄取方法。

蛋白质 蛋白质是构成有机体的主要成分，是饲料中不可缺少的营养物质。在犬的生命活动中，蛋白质是起决定作用的营养物质。在饲料中，动物性饲料比植物性饲料蛋白质高，营养价值也高。动物性蛋白质含氨基酸广，营养比例适当。植物性饲料中的蛋白质营养价值低，长期用植物性饲料喂犬易引起有机体功能严重失调，如贫血、生长缓慢、体重下降等。狗需要摄取蛋白质，而且是动物性蛋白质，需求量是人类的 4 倍。因

此，日粮中动物性蛋白质含量应占饲料蛋白质含量的1/3。动物性蛋白质是狗的能量来源，是肌肉、内脏、血液等的基础。可以促进体毛的发育和换毛，增强对病毒和细菌的抵抗力。

脂肪 脂肪作为营养物质在机体内有很多功能。脂肪在动物体内，是重要的贮存能量的形式，而且还可以贮存大量的水和矿物质。犬对脂肪有很大的忍受能力，脂肪可口而且能量高，可减少食物的总摄入量，但这也会使营养平衡失调和造成营养缺乏症。因此，幼犬或青年犬在喂给高脂肪食物时应调节蛋白质、矿物质和维生素的含量，以保持适当的营养平衡，确保基础营养的合理摄入。脂肪是营养中热量最高，过量摄取会导致肥胖和皮肤病，不足时，会影响毛皮的光泽，皮肤干燥，出现皮屑。

碳水化合物 碳水化合物在犬的日粮中占比例最大，主要包括糖、淀粉、纤维素，是机体内重要的热能来源。犬对碳水化合物的需要量受其运动量的影响。若脂肪少，碳水化合物应多，在夏天，碳水化合物在某种程度上可替代脂肪。如果摄取了充足的蛋白质和脂肪，就不需要补充太多碳水化合物。

维生素 维生素一般在犬体内不能合成或很少合成，必须由饲料供给，维生素对犬的生长发育及新陈代谢是很重要的。维生素按其溶解性质分为脂溶性和水溶性两大类，维生素本身不产生能量，维生素不足或过剩都可发生营养代谢疾病。维生素A、D、E缺乏，会出现皮肤干燥、表皮角化、被毛生长不良等症状。

矿物质 犬若缺乏某种矿物质，会引起相应的某些功能性障碍疾病。矿物质分常量和微量元素两大类。常量元素包括钠、氯、钙、磷、镁、钾、硫等，在体内的含量超过0.01%；微量元素包括铁、铜、钴、碘、锰、锌、硒、钼、氟等，在体内的含量不足0.01%。钙质、磷等矿物质是发育旺盛的小狗制造骨骼和成长不可或缺的营养。优质的狗食中含有均衡的营养，但在亲手制作时，就要特别注意均衡性。

水 动物的身体中，有60%是水分。水分可以促进身体机能和代谢顺利进行，因此，必须随时补充新鲜的水。

犬的喂食技巧

喂食必须在固定的时间、固定的地点进行，喂以固定的食量，避免吃不完或吃得过饱。

每天必须准备一些干净的水，让狗随时可以饮到。喂食的时候，应该培养狗狗应有的规矩，吃得欢是胃口好的表现，但不能允许它吃食时狼吞虎咽，把食物弄得到处都是，要训练它慢慢进食，一旦吃完必须把食盆端走，别让它有空又过来吃。

饲喂要有规律

不管主人多忙，喂食的时间绝不能随意改变，而且喂食量也不要时多时少。不严格管理对狗的健康很不利，还可能因此出现精神上的负面影响。吃完后的食盆或吃剩的食物如不及时处理也不卫生，对此也不能大意。

犬也会随着年龄的变化，改变对食物的需求。在它迅速发育的幼犬期、成熟的成犬期和运动量减少的老年犬期所消耗的热量有很大差别。

不同成长阶段对营养的需求会有所不同

为了让犬健康成长，我们应根据它各个阶段的身体状况适当改变喂食的种类和数量，为它制定科学的食谱。狗的食物供应有三种方式：喂自己家做的、喂专用狗粮、以及两者结合。喂自己做的要达到营养平衡比较困难，但通过亲手配餐可以得到许多乐趣；喂专用狗粮的好处是方便、省时且能保证狗的营养，可以根据每个家庭的具体状况和经济能力采取喂食方式。

新生仔犬的常规管理

小狗出生后进行必要的检查 在小狗出生后，要确认性别和体重，了解小狗是否有太小、太弱或是异常现象。体重可以成为日后了解发育情况的参考。因此，应该持续为小狗测量体重。出生后 1~2 天，要请兽医为母狗和小狗检查一下健康状态。在出生后一个星期内，脐带会逐渐干燥，然后自然脱落。

保持休息环境的安静 从出生到一个月这个时期，几乎都是母狗在照顾小狗。在泌乳期，母狗和小狗都特别敏感，饲主只需在一旁守护，只在必要的时候向母狗伸出援手。要为刚出生和小狗提供一个舒适的环境，让它不受干扰，安静的休息。

保持小狗睡床清洁 小狗的睡床要随时保持清洁。哺乳期幼犬的抵抗力很弱，如果睡床脏污时，细菌和病毒入侵感染容易引起腹泻。对小狗来说，腹泻是大敌，有时甚至可能危及生命，因此，要特别警惕。

协助幼犬排便排尿 母狗舔新生仔犬的肛门，造成刺激后，仔犬立即会排出深褐色的便。如果不进行刺激，小狗就不会排便和排尿。而且，母狗也会处理小狗的排泄物。初次分娩的母狗，有些会完全不照顾小狗的排便和排尿，必须随时检查母狗是否确实照顾小狗的排泄问题。如果需要人协助时，可以在小狗吸完奶后，用沾温水的脱脂棉花或布，轻轻摩擦小狗的肛门，促进排泄；并将粪便和尿擦干净。人工喂乳时，可以在喂完冲水解蛋白奶粉后，以同样的方式进行。3 周后，小狗就会独自排便和排尿。断奶后，就需要饲主照顾小狗的如厕问题。

保持恒定的温度 出生两周以内的小狗无法自行进行体温的调节，很怕冷，它体温大致在 34~36℃，体温偏低。在小狗出生后，应该立刻放

少年期的常规管理

◆少年期运动管理

在 4 个月左右，可以开始散步和自由运动，5 个月后，就能开始真正的牵绳运动。每天 1 次，每次 20～40 分钟左右。

首先，要让狗熟悉项圈和狗链，在给犬戴上项圈时，很可能会导致周围的皮肤受伤，所以，要选择松软的款式。在戴上狗链后，可以让它自由活动片刻。当它熟悉，不再介意狗链时，就可以带它外出。

让小狗位于人的左侧，和人并排走路。不能用力拉扯狗链。在开始牵扯绳训练时，不要拼命拉小狗前进，需在调教后，才能使它跟上人的脚步。随着小狗的成长，逐渐增加运动时间，运动量，要控制在狗得到满足但不会疲劳的程度。

运动不仅可以促进饲主和狗之间的沟通，还可以在户外让狗体验汽车经过等各种经验，同时，在被别人抚摸和打招呼时，也可以培养狗的社会性。玩丢球游戏时，可以增加狗的集中力。

◆可进入初步的训练

从小狗时代就进行调教，可以让它成为容易饲养的狗。犬在 3 个月大时，最适合调教，除了上厕和吃饭的规矩以外，还可以进行“停”“不行”“坐下”“来”的基本训练。

作为赛犬应该进行一些跨越障碍物的训练，以训练犬只动作的协调性，反应的敏捷性。同时可用扔球或其他诱物的方式，让犬只在野外进行短距离的往返快速奔跑。

青年期及成犬的常规管理

◆公狗具备生殖能力后的管理

当公狗的生殖能力成熟时，就会在态度和行为上出现明显的变化。在小狗时，公狗也像母狗一样排尿，但在和母狗第一次发情期大约相同的时期，公狗排尿时，会开始翘起某一侧的后腿，这就是它成长的象征。

从这个时期开始，公狗会有强烈的地盘意识，经常用尿到处留下自己的“足迹”。在路上遇到其他公狗时，也会吵架。另外，还会爬到人或周围的东西上。母狗只有在发情期会接受公狗，但公狗却没有像母狗那样明确的发情期。

在性方面成熟后，公狗在受到发情母狗的味道刺激时，就会发情。也就是说，公狗随时都可以交配。

◆母狗首次发情后的管理

母狗在 8 ~ 10 个月时，就可能出现第一次的发情（发情期），之后，约以 6 个月为周期发情。母狗发情约持续 3 周左右。毛色的光泽变佳，食欲稍差，排尿次数增加等都是发情的象征。在准备怀孕时，会有出血现象，持续 10 天左右。10 天以上，阴部肿胀至平时的一倍以上，出血的颜色也逐渐变淡。一般认为，11 ~ 13 天是交配的最佳时期。在出血结束后，仍然会持续发情，随着发情期逐渐结束，身体也恢复原状。通常，狗会自己将出血舔干净，加以处理。

◆健康管理

在室内饲养时，可以使用移动式狗屋或狗笼，也可以用铁网围起。除了晚上，都可以和家人一起自由渡过。户外的狗屋必须安置在光线好、通风、安静的地方。狗屋的窗户要够大，并装上纱窗和雨窗。地板要采取高床式，并装上排水口，以便清洁。每个月要消毒一次。

◆运动管理

每天一定要让它好好运动一次。对这个时期的狗来说，运动十分重要。在不断运动的过程中，可以锻炼腰、腿，成为一只健康的狗。而且，也有助于建立狗和饲主之间的亲密关系。

为了培养狗的社会性，使它熟悉人群和噪音，每天可以在清晨或傍晚，带它外出。如果是在室内饲养，即使下雨天，也要带它外出。在运动时，要同时进行自由运动和牵绳。

自由运动就是在庭院、公园或河边等户外，宽敞的地方，丢球让狗去捡，利用它的运动能力，使它全速奔跑。

牵绳的运动量要控制在狗感到满足，却又不会疲劳的程度。中途，尽可能让它接触泥土和沙子。可以利用较长的狗绳，使它绕着人身边跑，观察它的跑步方式和身体肌肉的情况。

要逐步提高犬的运动能力

◆青年期及成犬的饲喂方法

饮食必须以高品质的成犬用狗食为主。满6个月后，每天吃2～3次，满8个月后，就可以每天早晚各吃1次。满10个月后，体格形成时期大致结束，逐渐进入充实身体各部分的时期，直到3岁为止。可以在注意身体状况和运动量的情况下，调节饮食，使体重维持标准，避免过量摄取。

◆选择合适的狗食

狗食大致可以分为综合营养型和美食型2种。综合营养型是主食用，结合各种材料，调整成分，含有所有的必需营养。美食型是充分运用材料制成，可以用于副食。以水的含有量进行分类，可以将狗食分为三大类。含有10%左右水分的干燥狗食其营养分配十分理想，方便保存，价格也很便宜。虽然在美味方面稍微有所不足，但对牙齿有帮助。

含有20%～30%水分的半湿狗食是以肉为中心的半生半熟型狗食。容易入口，营养也不输给干燥型狗食，但保存性较差。罐装狗食含有60%～78%的水分。狗很喜欢这种生鲜的狗食，但价格昂贵，营养较差。打开后，一定要在当天吃完。市面上有各种不同种类的罐装狗食，配合狗的不同成长过程。当成长趋于稳定后，就可以喂以成犬用狗食，但不同犬种的必需热量不同，所以，狗食的成分会有所调整。

另外，还有怀孕、哺乳期用，减肥狗食、老年狗食等。以及用于调教和点心的零食、强化营养的营养辅助食品。可以根据狗的生活情况，选择适当的狗食。

不能喂狗吃的食品

巧克力中的可可碱会造成犬中毒。洋葱会引起犬中毒，导致血尿和黄疸症。生笋也会引起中毒。鱿鱼、章鱼、虾、螃蟹等会造成消化不良和呕吐。鸡和鱼的骨头很细，咬碎断裂处很尖锐，会伤害消化器官。辣椒、姜、胡椒等香辛料也要特别注意，会刺激肠胃，对肝脏和肾脏造成负担。盐分也是不良食品，吃甜食会造成肥胖，使皮肤病不易痊愈。

作为比赛犬的特殊饲养管理

◆作为赛道犬的营养要求

在通常情况下，竞争压力、脱水、运动量改变，这三种因素能影响惠比特这种运动型犬只的营养需要。反之，也可以通过营养的搭配有效缓解压力情绪，预防脱水发生，提供能量促进动量。作为赛犬，它们对食物营养的基本要求是：

食物提供大量的优质能量。

食物易消化，能尽可能减少肠消化物的体积和重量。

食物能保持适当水合作用，确保不会发生脱水情况。

食物中的成分能缓冲跑步造成的新陈代谢的酸化作用。

食物能有助于通过适当训练取得理想成绩。

食物尽可能补偿由压力带来的任何生理缺陷。

◆赛道犬食物营养特效添加剂

犬对能量的需要量取决于运动的强度及其持续时间的长短，一般说来，训练者会让参加赛道比赛的犬只保持适当体重，如果可能的话要每周称重，调整每天的食物定量来保持稳定的体重。

给赛道犬提供优质的能量特别重要，赛道犬理想的能量标准应考虑总的质量因素，还要考虑到所给食物的性质。

食物中提高能量的成分应保持平衡。犬运动持续时间越长，食物里的脂肪含量就应越高，持久运动的脂肪含量应该达 35%；犬运动持续时间短，食物里的脂肪含量就应低些，短期运动的食物脂肪含量 16% ~ 20%，而介于两者之间的运动理想脂肪含量为 25%。

赛道犬有着极强的爆发力，为保证能量及时供给，并能很快为身体工作所利用，赛道犬必须选用超能量的、高消化的、专门的干粮，这样消化物和排泄物都少。这种干粮可简单地用粪便量和消化量来评价。对于赛道犬来说，每 100 克干粮所对应的最佳粪便量为 45 克。

运动给身体增加压力，从而增加特定的营养需求，作为赛道犬需要补充的营养添加剂主要如下：

根据运动的强度适当增加蛋白质的含量，含量应该占食物重量的 32% ~ 40%。增加维生素 B 的含量，特别是维生素 B_1、维生素 B_6 和维生素 B_{12}。增加抗氧化剂的含量，如维生素 E、硒。增加 ω-3 不饱和脂肪酸含量，ω-3 不饱和脂肪酸，是由寒冷地区的水生浮游植物合成，以食此类植物为生的深海鱼类（野鳕鱼、鲱鱼、鲑鱼等）的内脏中富含该类脂肪酸；ω-3 不饱和脂肪酸从鱼中提炼出来，可以促进红细胞流动，和氧气

赛道比赛会消耗大量的能量，平时应通过训练和饮食做好能量贮备

交换，减少同运动有关的炎症。还要补充钾、钠，运动中若钾、钠等电解质大量丢失，会引起身体乏力甚至抽筋，导致运动能力下降。补充低聚果糖（乳酸菌，有助于食物消化）等。

◆赛道犬的喂养方法

赛道犬每天的食物配给量应该遵循以下原则：营养集中，比例平衡，易于消化，适当供给，合理饮食。

在饲喂中要考虑到赛道犬的食物有一系列的适应问题，需要考虑以下五个问题：供给的食物能够维持身体需求吗？食物有没有含有较高的能量和必需的营养成分？怎样的食物配搭会降低粪便排放量？食物中的脂肪含量是否充足，能否满足体育锻炼的需要？蛋白质和维生素的含量如何，能否减轻压力的需要？

对于仅供赛道犬比赛需要的食物，可以根据标准，结合自身犬只的身体状态进行调整，可根据运动的需要补充高效能的比赛犬专用食粮，而可将自制食品变成的休闲食品。一旦选中了合适的食品，作为主人就制订犬只的年度喂养计划，这样才能保证食物营养的系统性，充分满足训练、比赛的需要。

在赛道犬非比赛的休息时期，应该喂犬维持性食物。而在训练期间，应逐渐将食物转变成适合比赛犬需要的食物，每一次食物改变需要 1 周的过渡期，在供应维持性食物的基础上，逐渐增加食物供给，向比赛型食物转变。

比赛期间，比赛增加的压力可能要求增加食物供给，食物量应根据动物体重调整。比赛犬应该在早上比赛前至少 4 小时摄取当天 1/4 的食物，饮用大量的水。余下食物则每天晚上相同时间摄取。运动犬应该保持喝足量的水，特别运动过后需马上饮水，这样可防止脱水。

在比赛逐渐停止时期，应该逐渐恢复到维持性食物水平。

◆禁止使用兴奋剂

随着赛犬运动持续发展，赛犬运动作为一种新兴的娱乐方式，参与的人越来越多，而且有些比赛的赌注也较大，因此为尊重运动道德，保护犬只的健康，姑且赛犬需接受兴奋剂检查。在美国、澳大利亚、欧洲开展的赛道比赛已率先进行兴奋剂检查，已经有了几年的国际准则遵循和定期兴奋剂测试。

赛犬运动的营养准备与生理准备不涉及服用兴奋剂。赛前相关准备不可缺少，但必须在兽医的监督下进行。服用兴奋剂是利用任何物质或方法人工增强犬的比赛能力，这是对体育道德的攻击，而且危及犬的身体和心理健康。

虽然，服用兴奋剂事件少，不过在赛犬运动中确实存在：有人为赢取高赌注比赛，会通过为犬只饲喂兴奋剂，以临时提高比赛成绩。

现存规则涉及一系列违禁药物。这些特殊违禁药物如下所列：止痛剂、类固醇或非类固醇消炎药、抗前列腺素药、合成代谢类固醇、肌肉弛缓药、抗胆碱能药、血液注射。

在国外比赛犬的检测非常严格。兴奋剂测试样品取自犬的唾液、血液和尿，对动物没有危害。取样遵守严格的规则，不同的样品编号，妥善保存，送去实验室进行严格而安全地分析。

兴奋剂虽会暂时提高成绩，但对犬只的危害却是长期而巨大的。合成代谢类固醇、刺激剂、镇静剂、消炎药、利尿剂、β –blockers 等药品在服药时会带来副作用。

◆赛前要做好充分的热身运动

所有参赛者在比赛前都要进行热身运动，这样可以活跃酶和氧化系统（提供所需的能量），减少肌肉收缩的时间。对于犬来说，热身运动包括一系列的肌肉拉伸和收缩运动，为比赛做好肌肉和促动的热身准备，如果热身运动做得好，那么会促进神经肌肉的调和，避免撕裂和收缩，保证在比赛前保持生理和心理上的理想状态。

◆赛后要逐渐停止运动

绝对不应该在比赛一结束就突然并且彻底停止对犬的训练，动物会很快丧失从训练中所得到的一切好处，还会造成心理不稳定。最好是逐渐减少工作量，并且更多的把体育运动转向游戏运动。

惠比特犬的训练

惠比特犬的训练分常规的服从性训练和赛道比赛训练。赛道比赛训练是惠比特犬能否在比赛中取得好成绩的关键。

跳轮胎

成步道桥，使狗在上面走过，桥上也有接触点。步道桥高为120～135厘米，长为360～420厘米。

轮胎 用四个螺丝将轮胎固定，狗必须跳跃穿过轮胎中间。轮胎直径为38～60厘米。

跷跷板 站在跷跷板的一端，从另一端走下来，有接触点。跷跷板宽30～40厘米，高为60～70厘米，长为365～425厘米。

桌子 跳上正方形的桌子，做趴下或等一下的动作5秒钟。桌子长、宽为90～120厘米，高为75厘米。

速度赛犬的训练

训练是通过体育锻炼，为比赛进行体力、技术和战略，以及姿态上的准备。当把这套训练用到犬身上时，犬的主人或训练者会创立一系列的体育锻炼方法，适合犬在嬉戏气氛下进行训练。

◆训练工作量要合适

工作量这个概念是十分重要的。只有持续时间长而且强度大的体育活动才能被称为训练。工作量应根据所要求能力水平的提高而增大，不过也不能使犬心烦，并且感到乏味，否则犬就会失去一切动力。

工作量应该逐渐施加，特别是对那些刚刚起步的犬更应如此。而已经训练过的犬，为使训练有效，训练要经常进行，有些步骤可加速进行，

而且还要持续施加。

工作量应随时间的不同而改变。的确，不可能一年到头让犬处在相同的健康水平，工作量应随准备和竞赛情况以及训练时间而有所调整。

工作量所涉及的训练内容也应该改变。在一场训练中，犬要求达到一定的体质要求、力量、速度、耐久力和协调能力，这些要求犬的身体能适应各个方面，而且每次适应的恢复期是不同的。如果犬要求付出某种体力，而当时犬正中另外一种工作中恢复，前者并不会影响后者体力的恢复。实际上，前者有助于后者最大限度的恢复，各种工作量交替进行，有助于节省时间，从而能够更好地工作。例如，当犬正在从一次跑步中恢复，这时它能做一种不同的训练，比如进行肌肉拉伸运动。在一个训练期间内，各种工作量的安排应该有一个正确的次序，那些需要爆发力、速度和协调性的训练通常安排在训练初期，然后进行不完全恢复的训练，接着进行耐久性训练。

训练中的运动量应逐渐增加

◆针对参赛项目确定训练重点

不同的比赛项目有着不同的运动特点，不同的比赛对骨骼肌纤维类型、心血管系统、呼吸机能、能量代谢特点都有不同的要求。通过运动特点的要求，可以判断此运动属于有氧运动、无氧运动还是介于两者之间，就可以判断出各能量供应系统所占比例。结合供能系统比例选择最合适的快慢肌纤维比例，并考虑由此派生出的对循环机能、呼吸机能、肾脏机能、内分泌机能和神经机能的要求。

有氧运动能力的训练

有氧能用于需要运输氧气和利用氧气的长时间运动中。中速长距离跑步或一系列速度较快的短跑有助于增加有氧能。

◆持续训练法

持续训练法是指强度较低、持续时间较长且不间歇地进行运动训练的方法，主要用于提高心肺功能和发展有氧代谢能力。对于发展有氧代谢能力来说，总的工作量远比运动强度更为重要。由于机体内脏器官的惰性较大，需要在运动开始后约 3 分钟才能发挥最高机能水平。因此，为发展有氧代谢能力而采取的训练，运动时间至少在 5 分钟以上，甚至可持续 20～30 分钟以上。

长期持续运动对犬生理机能产生诸多的良好影响。主要表现为：能提高大脑皮层神经过程的均衡性和机能稳定性，改善参与运动的有关中枢间的协调关系，并能提高心肺功能和呼吸当量，引起慢肌纤维选择性肥大，肌红蛋白有所增加。对于发育期的犬要以低强度的匀速持续训练为主。

◆间歇训练法

间歇训练是指在两次运动之间有适当的间歇，并在间歇期进行强度较低的练习，而不是完全休息。间歇训练法比持续训练法能完成更大的工作量，并且用力较少，而呼吸、循环系统和物质代谢等功能得到较大的提高。在间歇期间，肌肉得到休息，而心血管系统和呼吸系统的活动仍处于较高水平。如果运动时间短，练习期肌肉运动引起的内脏机能的变化，都在间歇期达到较高水平。无论在运动时还是在间歇休息期，可使呼吸和循环系统均承受较大符合。目前多数项目的训练中，都大量采用间歇训练法。其方法运用成功与否最关键是根据不同犬只、不同运动项目的特点，科学合理地安排每次练习的距离、强度及间歇时间。

无氧运动能力的训练

◆发展磷酸原系统供能训练

在发展磷酸原系统供能能力的训练中，主要采取无氧低乳酸的训练。无氧能可使肌肉在缺氧状态下努力工作，如快速跑步时（灰猩环形赛）。在实际练习中，为了获得这种能量，十分短而剧烈的运动与体力恢复交替进行。这种训练对犬的身体和心理要求高，只能在比赛临近时使用。其训练原则是：

a.最大速度或最大强度练习时间10秒钟到1分钟短跑，不超过1分钟；

b.每次练习的休息间歇不短于60秒，休息间歇短时ATP、CP在运动间歇中的恢复数量不足以维持下次练习对于能量的需求，故间歇时间一般1～2分钟的效果更好；

c.成组练习后，组间的练习间隔不少于4分钟，因为ATP、CP的恢复至少需要4分钟。

◆提高糖酸解供能系统的训练

犬体生成乳酸的最大能力和机体对它的耐受能力直接与运动成绩相关。1分钟极量强度间歇4分钟的运动可使体内获得最大的乳酸刺激，是提高最大乳酸能力的有效训练方法。经常以这种方法训练，能最大限度地动用糖酵解系统供能的能力和机体对乳酸的耐受能力。

提高步伐速率的训练

大脑皮层神经过程的灵活性是实现高频动作的重要因素。为改善和提高犬神经过程的灵活性，应采用不断变换信号使犬迅速做出反应的练习，以及各种高频动作的练习。如使用竞赛机、电动跑台、顺风跑等，都可以使犬在不缩短步长的情况下增加步频，提高神经中枢兴奋与抑制的快速转换的能力。训练时应注意保护其脚垫。

◆灵敏素质训练

灵敏素质是指犬迅速改变体位、转换动作和随机应变的能力。它是多种运动技能和身体素质在运动中的综合表现，是一种较为复杂的素质。大脑皮层神经过程的灵活性及分析综合能力是灵敏素质重要的生理基础；灵敏性素质与各感觉器官机能状态的改善有密切关系；灵敏性素质还需要良好的身体素质作保障。

训犬师可利用逗引物让犬随逗引物完成跑跳、急停和变向等动作。实践证明，在训练前期安排灵敏素质训练不但可以提高犬的灵敏性，而且，可以使犬更好的进入兴奋，便于接下来的体能训练。灵敏素质受遗传因素影响很大，因此在挑选训练犬只时应注意。

◆柔韧素质训练

柔韧素质是指有力做动作时扩大运动幅度的能力。关节运动幅度的增加，对于提高运动质量十分重要，往往柔韧性越好，动作就越舒展和协调，并有助于减少运动伤害。

柔韧素质训练应在犬发育期便实施，效果好于成犬后训练。另外，有些训犬师喜欢在跑步机训练时使用胸背带，这样的做法是不可取的，将犬用胸背带固定在跑步机上，会影响犬在奔跑时的舒展，容易使犬受伤。

赛道犬运动性疲劳与恢复

◆运动性疲劳

运动性疲劳是指在运动过程中，机体的机能能力或工作效率下降，不能维持在特定水平上的生理过程。运动性疲劳是由于身体或肌肉运动引起的，主要表现为运动能力下降。

犬运动后应进行放松恢复

在日常犬训练中，主要以基础心率来衡量疲劳程度。犬身体健康、机能状况良好时，基础心率稳定并随训练水平提高而呈平稳下降趋势。如果次日犬心率较前日有所升高，在无疾病、强烈的精神刺激、休息不充分等情况下，则证明前日运动量过大，犬过于疲劳未能恢复，可合理降低训练强度。如基础心率有所下降，则可以合理增加训练强度。

◆积极休息进行恢复

积极休息是指采用变换运动部位和运动类型，以调整运动强度的方式来消除疲劳的方法。训犬师经常采用调整训练内容、转换练习环境等方式进行积极休息，以达到提高训练效果的目的。

◆放松练习进行恢复

整理活动是指运动之后所作的一些加速机体供能恢复的较轻松的身体练习。做好充分的整理活动是取得良好训练效果及预防运动损伤的重要手段之一。如在训练后，牵犬散步和帮助犬做四肢的伸展运动等。

◆良好睡眠促进恢复

睡眠对犬身体机能的恢复非常重要，舒适的睡眠可以保证犬精力和体力均得到恢复。因此，在犬睡眠时，应使环境保持安静、舒适，避免蚊虫、跳蚤等的影响。

◆物理手段帮助恢复

大强度和大运动量训练后，采用按摩、理疗、吸氧和针灸等物理手段，能促进犬体机能恢复。

◆营养学手段协助恢复

运动时所消耗的物质要靠饮食中的营养物质来补充，合理增加营养的摄入有助于加速恢复过程。

惠比特犬的繁殖

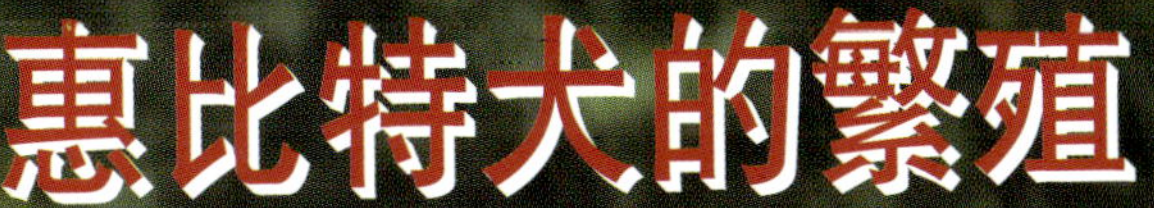

惠比特犬的繁殖是一项系统工程，需要掌握科学的繁育方法。

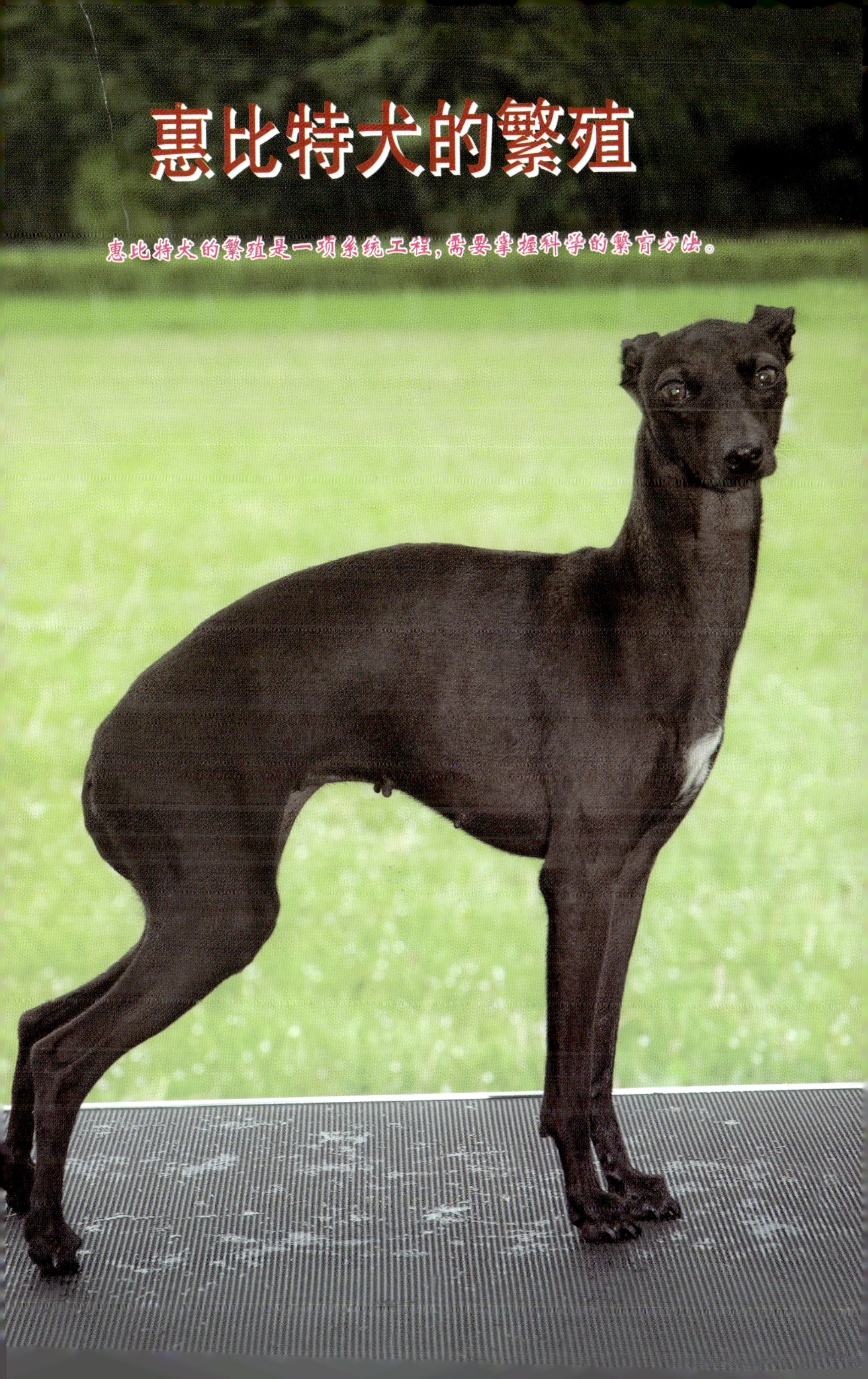

惠比特犬的繁殖方法

近亲繁殖法 近亲繁殖法是指血缘有关系的父女、母子、兄妹、姊弟等直系血亲的交配繁殖。采用近亲繁殖是希望父母犬方面优秀的秉性会在子女的身上重现。一般而言，惠比特犬的近亲繁殖是可行的，但较好的交配法是父配女、祖父配孙女、叔伯配侄女、异母兄弟配异母姊妹等，如此形态统一且有系统的交配法所培育出来的仔犬，大都可以达到理想标准。近亲繁殖法培育成功时会强化优点，但培育不成功时，双方缺点的强化也是双倍的。因此做近亲繁殖时，应做到多遗传优点，少遗传缺点。

专家提示：使用近亲繁殖法也是非常冒险的，因为一些遗传不良体形或特殊疾病的基因大多数都呈隐性，他们的仔犬中将有一定的比例会带有全为这种隐性遗传缺陷的因子，缺陷就会在他们身上显现出来。

系统繁殖法 系统繁殖法是指在公母双方 4 或 5 代的血系中，有 1 只以上的相同祖先犬，而在双亲及 3 代内，并无同一只犬重复出现，这样的方式就是系统繁殖法。一般来说，利用系统繁殖法，繁殖出优秀仔犬的比例也相当大，因为在繁殖时我们依据血统，大约可以推断出公母犬的遗传倾向，而加以善用，则期望中祖先犬优秀的特质将可能重现。

专家提示：实际上系统繁殖法也是一种程度较轻的近亲繁殖。采用系统繁殖法时，事先应了解公母犬上 5~7代的血统。如果在预备配对的种犬的祖先中，不断出现相同的杰出祖犬，就可以把它们

作繁殖倾向的指标。

异系繁殖法 所谓的异系繁殖法就是欲交配的公母犬双方在前5代的血统中没有一点血缘关联(找不到同一祖犬),而完全引进本身所没有的新血统。也就是说如果某一系统的缺点在基本上被强化,而在后来的改良中一直无法被突破消除时,又刚巧另一血统都没有这种缺点,而原来的血系又有精密的血统组合时,则可以将此血统纳入而寻求改良。

部分异系繁殖法 另外还有一种利用“部分异系”的代替方法可行。也就是说引进1/4的外系(公或母之中有一方带有1/2外系),所繁殖出来的仔犬血统中有3/4为原系,只有1/4为异系。此种手段较为温和,也可达到较为理想的效果。

专家提示:遗传学是一门非常精密的学问,有时明明是一项完美的组合,结果却不尽理想;有时觉得没有把握的组合,却产生了美好的结果,这是遗传规律中的一种必然中的偶然,偶然中的必然。这就需要惠比特犬繁育爱好者自己去不断的摸索总结。

比赛犬的遗传选择

衡量比赛犬优秀与否，很大程度上取决于其在赛场上的成绩。赛犬繁殖专家们往往是在可供选择繁殖的犬之间尽可能做出比较，从而通过研究犬的能力，挑选那些具有可遗传潜力（附加的遗传价值）的犬只作为种犬。这些用以挑选的种犬的依据只能在具有特定规则的运动比赛中使用。目前的技术还不能根据一些标准准确判断一只犬的遗传价值，从而在本犬种内给犬分等级。所以选择最好的比赛犬用来繁殖还只是一种可能，这种种犬选择经常是单凭实验和观察作为根据的。

所以对于选种并没有什么十分准确的有效方法，我们只能根据犬只的外形条件、血统、成绩、遗传的稳定性来推测其后代犬只的素质。当这几个方面都有不错的表现时，我们会认为它会是一只好的种犬。

犬的发情

◆发情周期

犬的性成熟年龄因地区、气候、环境及饲养条件等很多因素影响略有差异，一般来说多数雌犬在 11 个月左右出现初次发情。雄犬发情无规律性，成年犬在 1 年 365 天的任何一天都可发情交配，尤其是嗅到雌犬发情时发出的气味时，会兴奋不已，连声吠叫。发情指母犬发育到一定年龄时所表现的一种周期性活动现象。性成熟的正常母犬，每年发情 2 次，大多数在上半年的 3～5 月和下半年的 9～11 月各发情一次。发情周期一般分为发情前期、发情期、发情后期、无发情期。

发情前期 为发情前的一个时期，发情前期的确定一般是以阴道开始有血样分泌物(发情出血)为依据。这个时期母犬会接近并挑逗公犬，但不接受交配。持续时间平均为 9 天。

发情期 是指母犬接受公犬交配的时期。发情期的持续时间平均为 9 天。

发情后期 为发情结束的一个时期。发情母犬进入发情后期是以母犬开始拒绝公犬交配为依据的。持续时间为 60～100 天。

无发情期 是发情后期到下次发情前期的期间。犬是单发情动物，这个时期不是性周期的一个环节，是非繁殖期。无发情期间的生殖器官呈休止状态。无发情期的持续时间平均为 120～130 天。

专家提示：使用通常人们把犬的发情前期和发情期统称为发情。发情前期和发情期

的总时间为 11~35 天，掌握发情周期与发情期对于繁育具有重要作用，只有在发情期内才能实现有效交配。

◆发情征候

当犬发情时，它的行为、生理和心理都会发生许多变化，只要准确掌握了它在发情时不同阶段的不同征候，我们就可以判断惠比特犬是否发情，处于何种时期，何时可以交配。

行为变化 多数母犬在发情前期前 2～3 天，就表现不安、易兴奋，不服从命令，饮水量增加，食欲减少，频频排尿。

发情出血 发情出血是母犬从发情前期开始阴户流出血样分泌物。观察发情出血的持续时间和出血量的变化非常重要。发情前期的初期，阴户流出的分泌物为暗红色或茶褐色血样黏液，以后逐渐变红呈水样；从发情前期的后半期到发情期的前半期，分泌物呈浅红色；发情后期，阴道分泌物为血样黏液。发情出血量，发情前期的前 3 天量少，中期量多，后半期多停止出血。

阴唇肿胀 发情前期到发情期，阴唇及其周围组织迅速肿胀，触诊阴唇深部很硬。进入发情期后，整个阴唇变软，转为可交配状态。临近排卵时，阴唇肿胀程度最高，排卵后迅速消肿，之后阴唇又肿胀到接近排卵前的程度，以后逐渐消肿，恢复到正常状态。在排卵期的交配才是有效的交配。

阴道分泌物 分泌物为雌性动物生殖器官内壁脱落的细胞和蓄留于阴道内的分泌物，还包括子宫外口部的附着物和子宫颈管的黏液等。

交配

◆交配适期

母犬发情后，准备让其繁殖时要掌握适当的交配期。如果无法正确地掌握，是不易受孕的。要仔细观察以下各点，以找出适当的交配期。

a.出血的颜色由红色变为粉红色，渐渐变淡，黏液增多。

b.外阴部变得更为膨胀且隆起。

c.用手指轻轻刺激其外阴部的周围、腰、尾巴根部，出现极敏感的反应，尾巴会上翘，扭腰，横躺在那儿，称孕让尾。

d.当有公犬接近时，母犬会积极地扭腰，做出允许的讯息。另一方面公犬也会闻母犬外阴部的味道，或舔或骑在它背上，做出交配的动作。

e.从母犬的出血日起开始计算，约第10～14天时，平均是在第12天，出现以上现象时，就是交配的适当时期。

◆交配前的防虫措施

配种前应先确定交配双方皆健壮。尤其是雌犬，将来要怀孕与哺乳，若有任何寄生虫病，皆易传给下一代。

首先应化验它的粪便，看看有没有体内寄生虫，如蛔虫、钩虫、线虫等。同时，应查清楚它最近一次接受过综合性防疫注射的时间，何时接受预防狂犬病注射。前者在1年期内有效；后者则在3年期内有效。若过了期，应从速补行防疫措施。雌犬的皮毛亦应细细检查，看看有无跳虱、扁虱、耳虱与其他体外寄生虫，比如毛囊虫与金钱癣，皆会传给狗的子女，应于怀孕之前完全医好。雄犬方面，在交配前也应处在健康良好的状态，

无虫病。最好双方都有兽医全身检验证明书，并应特别留意签发的日期，这是保障后代优良的做法。

如果要替雌犬驱虫，最好在它发情期之前两周进行，如果太接近其发情期，可能会扰乱它的周期性。假使你在它刚怀孕的时候才发觉要驱虫的话，则应立即进行。驱虫药宜在上午空肚服食，那天应停食。切勿在怀孕后期替雌犬驱虫，它可能不能忍受，应先请教兽医。

◆交配前的准备

在配种前 2～3 天，再对公母犬的健康情况进行一次全面检查，重点看公母犬有无传染病，尤其是皮肤病和寄生虫病。有条件时，配种前 2 天检查公犬的精液质量，如果精液太稀或精子活力弱或颜色不正，不能配种。配种前半天或 1 天，让公母犬接触一次，但要看住不要让配上，这样能刺激母犬排卵，可大大提高产仔率。配种前一顿，公母犬都不要喂得太饱，以免影响交配或公犬发生反射性呕吐。配种前半小时，让公母犬自由散步，充分排净粪尿。

◆交配过程

犬的交配是指在交配适期内，公母犬在生殖激素的作用下，通过嗅、视、听、触的感觉神经接受刺激，对异性发生的性反射，这种反射是本能的反应。

交配时公犬会迅速爬到母犬背上，两前肢抱住母犬，此时的母犬站立不动，脊柱下凹，使会阴部抬高，便于阴茎插入阴道。公犬的射精过程可分为三个阶段。第一阶段是公犬的阴茎插入阴道时就开始射精，此时精液不含精子；第二阶段是将含有大量精子的白色乳样精液射入子宫内，这个过程较短；第三个阶段是锁结后射的精液为不含精子的前列腺分泌物。

交配中的锁结是指公犬从母犬背上爬下时，生殖器官不能分离而臀部触合姿势，这一姿势一般持续 5～30 分钟不等。在这一阶段完成第三次射精，但这与受孕已没多大关系。

在交配时只要算准了交配适期，一次交配便能受孕；但为了稳妥起见，应该隔天再配一次，以防万一错过排卵期。

妊娠

◆怀孕过程

惠比特犬在交配后，公犬所射出的精子通过母犬的子宫颈，在左右两边的子宫分开，再继续至输卵管，并在此等待与排出的卵子结合。一只精虫可以让一粒卵子结合受精，受精卵会逐渐移至子宫内，到了第 18 天，受精卵便开始着床，而胎盘、浆尿膜、羊膜、羊水便于此时紧裹住受精卵，让它在子宫内安全而舒适的继续发育。40 天时已可以看到稍微隆起的腹部。而至 60 天时则接近分娩。

◆妊娠诊断

检查者应先抚摸犬给以安全感，使犬安静。取站立式，把犬的头部轻轻挟抱在检查者的腋下，左右手掌放在犬的前腹部乳房与后腹乳房间的腹侧，手指稍张开，两手轻轻边压腹部边朝下腹部滑，妊娠子宫可垂到下腹部，这时，轻轻柔和地用手指挤压，可感知坚硬、隆起的受精卵着床部位，易区别于其他脏器。

◆怀孕犬的特殊照顾

a.宜轻抱轻放，勿在肚上施压力；

b.不宜剧烈运动，以慢慢散步作为运动较宜；

c.切勿让它跳高跳低，尤其是在临产前 3 周内；

d.不可喷施过量的杀虱水；

e.犬舍保持通风，保暖，干燥；

f.它临产之前 1 个月，应驱蛔虫。为安全起见，所用驱虫药的分量可请教兽医；

g.怀孕期的最后几天，狗儿可能便结，可试喂 1～3 茶匙(5～10 毫升)的石蜡油，视其体型大小而定。不可乱用其他泻药，严重便结时要请教兽医；

h.喂以较稀的饮食，营养要特别丰富；特别是临产前的 3 周，应比平

时加多 1/4～1/2 的分量；尤其要多加一些蛋白质和钙质，以鱼和肉类为主。狗儿食欲好的话，可多喂一些；但最好分餐喂，因为它的子宫增大，可供胃部膨胀的空间便相应减少。不要喂饲过量，以免积滞而弄巧成拙，脂肪性食物更不可太多。

犬只生产

◆产前的准备

准备好产房，让它在安静、舒适、不受干扰的环境下待产。在爱犬平时的生活空间内找一个僻静的地方，或者是利用它住惯的犬笼，在外围上木板、纸板或其他东西，在里面铺上旧浴巾、布条等就可以了。因仔犬出生后要保温，所以电灯或电热毯等也是舍内不可缺少的设备。

准备线，绑脐带用，以白色棉线为佳，长度以打结时顺手为宜。准备剪刀，剪脐带用，须以酒精棉消毒。准备毛巾、旧报纸数张、准备碘酒、酒精、准备催产素、止血药等备用。

◆生产的征兆及过程

犬的妊娠期为 58～63 天，故配种后我们可以依据第一次的交配日

生产日期预见表

交配日	1月	1	2	3	4	5	6	7	8	9	10	11	12	13	14	15	16	17	18	19	20	21	22	23	24	25	26	27					28	29	30	31
生产日	3月	5	6	7	8	9	10	11	12	13	14	15	16	17	18	19	20	21	22	23	24	25	26	27	28	29	30	31				4月	1	2	3	4
交配日	2月	1	2	3	4	5	6	7	8	9	10	11	12	13	14	15	16	17	18	19	20	21	22	23	24	25	26						27	28	(29)	
生产日	4月	5	6	7	8	9	10	11	12	13	14	15	16	17	18	19	20	21	22	23	24	25	26	27	28	29	30					5月	1	2	(3)	
交配日	3月	1	2	3	4	5	6	7	8	9	10	11	12	13	14	15	16	17	18	19	20	21	22	23	24	25	26	27	28	29			30	31		
生产日	5月	3	4	5	6	7	8	9	10	11	12	13	14	15	16	17	18	19	20	21	22	23	24	25	26	27	28	29	30	31		6月	1	2		
交配日	4月	1	2	3	4	5	6	7	8	9	10	11	12	13	14	15	16	17	18	19	20	21	22	23	24	25	26	27	28				29	30		
生产日	6月	3	4	5	6	7	8	9	10	11	12	13	14	15	16	17	18	19	20	21	22	23	24	25	26	27	28	29	30			7月	1	2		
交配日	5月	1	2	3	4	5	6	7	8	9	10	11	12	13	14	15	16	17	18	19	20	21	22	23	24	25	26	27	28	29			30	31		
生产日	7月	3	4	5	6	7	8	9	10	11	12	13	14	15	16	17	18	19	20	21	22	23	24	25	26	27	28	29	30	31		8月	1	2		
交配日	6月	1	2	3	4	5	6	7	8	9	10	11	12	13	14	15	16	17	18	19	20	21	22	23	24	25	26	27	28	29			30			
生产日	8月	3	4	5	6	7	8	9	10	11	12	13	14	15	16	17	18	19	20	21	22	23	24	25	26	27	28	29	30	31		9月	1			
交配日	7月	1	2	3	4	5	6	7	8	9	10	11	12	13	14	15	16	17	18	19	20	21	22	23	24	25	26	27	28	29			30	31		
生产日	9月	2	3	4	5	6	7	8	9	10	11	12	13	14	15	16	17	18	19	20	21	22	23	24	25	26	27	28	29	30		10月	1	2		
交配日	8月	1	2	3	4	5	6	7	8	9	10	11	12	13	14	15	16	17	18	19	20	21	22	23	24	25	26	27	28	29			30	31		
生产日	10月	3	4	5	6	7	8	9	10	11	12	13	14	15	16	17	18	19	20	21	22	23	24	25	26	27	28	29	30	31		11月	1	2		
交配日	9月	1	2	3	4	5	6	7	8	9	10	11	12	13	14	15	16	17	18	19	20	21	22	23	24	25	26	27	28				29	30		
生产日	11月	3	4	5	6	7	8	9	10	11	12	13	14	15	16	17	18	19	20	21	22	23	24	25	26	27	28	29	30			12月	1	2		
交配日	10月	1	2	3	4	5	6	7	8	9	10	11	12	13	14	15	16	17	18	19	20	21	22	23	24	25	26	27	28	29			30	31		
生产日	12月	3	4	5	6	7	8	9	10	11	12	13	14	15	16	17	18	19	20	21	22	23	24	25	26	27	28	29	30	31		1月	1	2		
交配日	11月	1	2	3	4	5	6	7	8	9	10	11	12	13	14	15	16	17	18	19	20	21	22	23	24	25	26	27	28	29			30			
生产日	1月	3	4	5	6	7	8	9	10	11	12	13	14	15	16	17	18	19	20	21	22	23	24	25	26	27	28	29	30	31		2月	1			
交配日	12月	1	2	3	4	5	6	7	8	9	10	11	12	13	14	15	16	17	18	19	20	21	22	23	24	25	26	27	(28)				28	29	30	31
生产日	2月	2	3	4	5	6	7	8	9	10	11	12	13	14	15	16	17	18	19	20	21	22	23	24	25	26	27	28	(29)			3月	1	2	3	4

注:自第一次交配日算起,妊娠期间为58~65日,平均63天。

来查"生产日期预见表"，你就可以知道预定生产日，在预定生产日之前的后几天，都有可能是犬的生产日。在生产日来临之前几天，应将母犬腹部及乳头周围的毛剃除，阴部周围的毛也要剪短，并将母犬整理干净，便于生产。

阵痛开始前母犬会烦躁不安，或往暗处躲，或前肢不停的趴地等动作；有些母犬还会将吃下的食物吐出，或不吃东西，并且张口不停地喘气，这些都是生产的前兆。

当然每只狗的征兆不尽相同。阵痛开始的8～12小时前母犬的体温会从原来的38° 降到37° 以下(肛温)。惠比特犬分娩的过程大致如下：

a.当母犬有伸背、缩腹、用力等现象时，是阵痛的开始；

b.阵痛频繁时，有些母犬会经破水而分娩，也有少数母犬不经破水就开始生产。随着阵痛，产道会扩张；胎儿也因子宫的抽动而从子宫颈滑至子宫体，推开子宫颈管，而把头或后肢插入骨盆内，此过程快者3分钟，慢者2小时；

c.胎儿的头部或后肢以横向侧卧而入骨盆腔，进入后在耻骨上方回转成俯卧姿势，此时母犬的阵痛也达于最高。被强烈收缩挤出的仔犬，在颈部通过耻骨往下前进时，我们翻开外阴部，可以看到被胎膜包围的胎头、后肢等身体部分。接着，由于更强烈的阵痛，胎儿便顺势被推出骨盆，包在胎膜内的胎儿便被分娩出来了；

d.胎儿到了母体外，脐带和胎盘仍然互相连接，而胎儿仍在胎膜内微动，此时善于自行处理分娩的母犬便会咬破胎膜及脐带，让新生仔犬破膜而出，并将仔犬全身的羊水舔净，此时新生仔犬会发出嘤嘤的叫声。在仔犬的叫声中，母犬一边用舌头舔动仔犬，给予慈爱关怀，一边将连接的胎盘和残余的胎膜排出；

e.当母犬把胎盘排出后，对新生仔犬应给予保温并隔开，待母犬将腹内仔犬全部分娩完毕，才给它拭净奶头，让仔犬吸奶。如果两只仔犬生产间隔超过6小时以上则另行处置。

专家提示：怀有两只以上胎儿的母犬，其生产间隔都有差异，年轻体力充沛的母犬生产间隔较短。若母犬的分娩时间延长，则饲主可以把母

难产及处置

有些母犬因近亲繁殖，或原本生殖机能就不太健全，又加上管理上的偏差，就容易发生难产了。现将惠比特犬难产的各种情形略述于后：

难产情形、原因及处置一览表

<table>
<tr><th>难产情形</th><th colspan="2">原因</th><th>处置</th></tr>
<tr><td>阵痛微弱</td><td colspan="2">平时缺乏锻炼，生产时用力不足，血液钙质过低或荷尔蒙不活性引起</td><td>由医师据临床症状注射阵痛促进剂</td></tr>
<tr><td>产道狭窄</td><td colspan="2">盆骨狭小、阴道发育不全或狭小</td><td>请兽医剖腹产</td></tr>
<tr><td rowspan="4">胎位不正</td><td>逆位</td><td>胎儿以后肢朝向产道</td><td>多为顺产，若头部被卡住，予以协助</td></tr>
<tr><td>后头位</td><td>进入盆骨，胎头呈俯卧状，鼻朝向胸部，脖头卷曲，头部宽度增加</td><td>无法顺产，及时请兽医协助调整</td></tr>
<tr><td>臀位</td><td>逆位生产时，后肢缩向腹位以臀朝向产道，臀部变大</td><td>应设法转位，使其顺利生产</td></tr>
<tr><td>侧体位</td><td>误入子宫角，胎儿曲成乙形，以一只脚朝向产道</td><td>形成绝对难产，转位后试着以镊子夹出，否则进行剖腹产</td></tr>
<tr><td>胎儿过大</td><td colspan="2">胎头比母犬的产道大得多</td><td>可剪开会阴取出，否则进行剖腹产</td></tr>
<tr><td>胎盘早期剥离</td><td colspan="2">分娩日未到，胎盘即由子宫剥离，阴部流出墨绿色的分泌物</td><td>1只仔犬死亡或死亡边缘，及请兽医处置</td></tr>
<tr><td>剖腹生产</td><td colspan="2">以上各种难产，用尽办法无法顺产时</td><td>只能借助剖腹生产</td></tr>
<tr><td>流产</td><td colspan="2">8周前生产，母犬受撞击、缺乏黄体荷尔蒙、细菌侵入子宫</td><td>弄清原因加以预防</td></tr>
<tr><td>早产</td><td colspan="2">满8周但未熟产出、胎儿过多、肚子受寒、黄体荷尔蒙不足</td><td>细心照顾早产儿</td></tr>
<tr><td>迟产</td><td colspan="2">超过预产期4天</td><td>预防胎儿过大的难产</td></tr>
</table>

产后的管理

◆正常分娩的母犬管理

让它充分休息，并给它足够的营养，不要让陌生人靠近，也不要争抱仔犬，以免母犬心里产生不安而危及小狗。在营养方面，母犬由于哺乳消耗较多的养分，除了日常的两餐外，最好中午多加一餐，并尽量给予营养丰富的食物，如内脏、肉类、牛奶、鱼肉等，以增加乳汁的分泌。另外，哺乳期中钙、磷、铁的补充也非常重要，尤其哺育仔犬只数多时，更不可缺少。

◆剖腹生产后母犬的管理

首先准备一个保暖的窝，把母犬放进去让它休息(小狗另外保温)，大约3~4个小时后，将母犬身上因生产而弄脏的被毛及身体拭擦干净，乳头周围的毛也剃除干净，并以温开水拭擦乳头，然后将开刀的伤口用碘酒拭擦后用透气胶带贴起来，可以避免小狗吸奶时爪子抓到伤口，并且可以使伤口平坦，拆线后较不易有疤痕(大约7天拆线)。这样处理过后，可以试着给母犬一些营养补充液来恢复它的体力，或者喂牛奶等易消化的食物，然后就可以把小狗交给它带了。

◆初产母犬的教导

如果你的母犬是只初次为母的妈妈，它可能会不知所措，甚至攻击仔犬等，这时你就需要教教它了。首先让母犬躺下，腹部朝上，把小狗放下去吸奶，看看它的反应。如果它没有恶意，乖乖地让小狗吸奶，那么再观察看它是否会舔小狗的性器官，替小狗把尿，如果它会，那么你就放心的把小狗交给它带了。只要它奶水充足，它就可以把小狗带得很好了。

如果母犬很紧张，那么它就需要你费心的教导了。首先要教它喂奶，让它在小狗吃奶时会乖乖的躺着，如果它不肯，必要时要给它一点惩罚，做对了给予赞美，这样有耐心的教导数次后，它就会明白喂奶的好处了。然后教导它把仔犬大小便，首先把小狗握在手中，先用卫生纸轻轻地拭擦仔犬的性器官，把一点尿出来，然后把仔犬拿到母犬的嘴边让它舔，边把边教，如果它舔了就奖励它，让它知道这么做是对的，几天以后它的天性就会流露出来，而把小狗带得很好了。

◆初生仔犬的管理

初生仔犬的体温调节机能尚不发达，体温易受外界温度的影响，无法保持一定的体温，所以出生后的保温甚为重要。保温方法以电热毯或电灯为佳。惠比特犬产生热量少，可用坐垫式的小电热毯，因温度控制很稳定，所以效果较佳。若不用电热毯，则可在仔犬箱上方置一盏 40W 或 60W 的白炽灯泡也足够保温，育仔箱温度以 30℃最适当。生产时如为盛夏且天气炎热，除出生当天外，可不用保温；如因天气过热而仔犬哀嚎不停时，应采取措施降温，保持 30℃的恒温。

仔犬在出生后不久即会找寻母犬乳头吮乳，此时吮乳的刺激会强烈传到母犬的脑下垂体，而促进乳汁的分泌，因此如出生后元气良好，而能立即吸乳的仔犬，其母乳的分泌就快而旺盛。如遇到体重不足的未熟儿或吸乳力弱的

虚弱儿，则须以人工帮助挤乳，以针筒来帮助喂食，这样可以刺激乳汁的分泌。

◆帮助仔犬吸吮初乳

分娩后3天内的乳汁称为初乳。初乳较黏稠，色泽也较黄，含有大量的蛋白质、脂肪、丰富的维生素等。初乳中还含有来自母犬的瘟热免疫抗体，对仔犬的帮助很大，故应尽量让每一只仔犬都能吸吮到初乳。

◆排乳不良的处理

母犬有时候乳房膨胀，泌乳量很多，但有时乳汁的排出量却很少。当排乳不良时，应对乳房施以按摩，以促进排乳。按摩的方法是以温热的湿毛巾贴住乳房，用手掌揉搓5～6分钟，然后握住乳房对乳头加压挤乳。此种按摩一日数回，直到乳汁排出顺畅为止。

◆母乳不足的处理

健康良好的惠比特母犬，除非产仔数极多(超过3条以上)，其所泌出的乳汁一般能够供应仔犬所需，但若因食欲不好、营养不足及其他疾病等原因，而致使泌乳量减少时，就会发生母乳不足。母乳不足时，仔犬会一直吸着乳头不放，并且嘤嘤的叫个不停，体重的增加很慢甚至不增加(一般健康的惠比特仔犬其体重自出生后第2天起平稳增加，每日约增加5～10克以上)，此时宜增加人工哺乳，否则仔犬会很快陷于营养失调而死亡。人工哺乳通常用市售的狗奶粉哺喂，出生7天内的仔犬以1汤匙狗奶粉加2汤匙温水调和后喂食。如仔犬因已吃过母乳而排斥狗奶粉，可酌量调加市售适合6个月以下仔犬使用的营养品，增加口感，从而较好饲喂。如出生7天以上，则可用两份狗奶粉加3份水调和后喂食。因小狗食量较小，故可将多余的奶水喂给母犬，以增加它的营养。人用的奶粉，有时候也可行，但是遇到体质较差的仔犬时，容易引起胀气，所以通常不要冒险使用。

◆初生仔犬的排便及排尿

新生仔犬自律神经尚不发达，无外界的刺激不会排便排尿，通常母犬会以舌头舔拭仔犬的肛门和外阴以刺激排便排尿，并且吃掉仔犬排出的粪尿。但若遇上初产或娇生惯养的母犬不会照顾仔犬时，则饲主应以棉花或卫生纸，轻轻擦拭仔犬肛门及外阴部以促进排泄，1 天数次，直到仔犬能自己排便为止，这大约需要 20 天左右。

◆断乳管理

母乳充足而仔犬数目少时，可于 4 周后开始断乳，断乳开始时可用婴儿食品的牛肉酱调牛奶并加少许麦粉，调成糊状给予。起初少许试食，若采食状况良好，粪便正常，则可连用数日后再慢慢添加别的副食品，如剁碎的鸡胸肉，煮熟的蛋黄、稀饭等易消化且又营养丰富的食物。以上是一种古老的断乳方法，现今市面上有许多断乳饲料可用，所以方便得多了，只要在粉状的饲料中加一点温水泡一会儿调成糊状，即可喂食。如口感不好，仔犬不吃，也可添加牛奶及牛肉酱来增加食欲。若仔犬数目多，则于 18～20 天即可开始添加，并提早断乳。断乳初期，可早上将母犬带离，晚上放回，让双方都适应后(约 3～7 天)再完全断乳。初断乳的仔犬每 4 小时喂食 1 次，至 8 周龄时，可每 6 小时喂一次，即早晨、中午、黄昏及睡前各 1 次，至 3 个月龄时再减为每天 3 回。断乳的同时(25～30 日间)可进行初次驱虫，此时驱虫以蛔虫为主，同时驱除钩虫、鞭虫、绦虫等。驱虫可请兽医根据体重配药。

断乳的母犬，在梳理干净后，如果尚未加强预防注射的话则可以注射预防针后，让它恢复正常的生活。

◆断奶的方法

断奶注意事项 开始长乳牙后，除了喝奶，还能吃其他东西，所以，可以准备断奶。犬的断奶期很短（2～3周），如果搞错时间，会造成犬肠胃脆弱，必须特别注意。可以慢慢增加断奶食品的量，再用小狗专用奶粉或母奶补足。最重要的是，在观察小狗食欲和排便情况的基础上，逐渐为小狗断奶。不要一下子喂太多断奶食或每餐的间隔太短，也不能在早晨制好一天的食物，到了晚上，也吃相同的狗食。

第 15 天时　喝母奶的小狗可以在第 15 天时，用小汤匙装一匙奶粉，放入小盘子，使小狗练习舔盘子里的奶粉。

第 20 天时　在第 20 天开始真正断奶。在冲泡的奶粉中加入少量薄片状的小狗专用食品，每次喂以少量，每天喂 2～3 次，在观察排便的基础上，逐渐增加薄片状狗食的量，使狗食逐渐从液体至粥状，再到软食。

第 28 天时　在第 28 天左右，小狗已经可以吃加有开水或冲泡奶粉的狗食，有时候，可以给它一粒固体狗食，让它熟悉咬的感觉，在吃点心时，也要喂颗粒状的固体狗食。第 35 天时，就可以直接吃固体狗食，但不要一直给小狗吃这么硬的食物，有时候需要弄软后再喂，或是喂以冲泡的奶粉。

第 42 天时　第 42 天时，就完成了断奶，但仍然不能光吃干燥的狗食。早餐后或睡前，一定要喂狗奶，使小狗产生满

足感。

亲手制作断奶食 制作断奶食，可以使用脂肪量较少的瘦牛肉和鸡胸肉。一开始，用指尖蘸取少量，放在小狗的舌头上，让小狗尝味道后，再慢慢让它学习在餐具中自己吃。但使用生肉类制作断奶食，如果稍不注意，可能会引起腹泻，因此，利用薄片状的小狗专用食品为小狗断奶，既安全，又方便。

断奶时注意安抚小狗情绪 在精神方面，要特别注意的是，这个时期不要强迫小狗离开母狗。如果太勉强，反而会使小狗的性格变得很惊慌。可以在白天减少和母狗相处的时间，使小狗自然离开母狗独立。

犬的运动伤害与急救

犬类运动不断发展，比赛逐渐增多，竞赛水准日益提高，犬类运动医学因此产生，这可以很好解决特殊运动病理产生的问题。

减少运动伤害的预防措施

像人类一样，犬可能因运动不当，给运动系统的骨头、关节、腱、韧带等带来毛病，如挫伤、脱臼，甚至骨折等。同样的，肌肉活动也会受到一些麻烦，从简单的挛缩（四肢肌肉僵痛），到肌肉紧张，甚至肌肉撕裂，也会受到炎症的影响，如腱炎。目前已使用复杂的诊断方法如超声波、温度记录法等用于治疗。同时，在训练期间使用物理治疗法用以恢复。

为防止运动伤害的发生，一些犬科专家提出了以下预防措施：

运动前做好保护措施能减少很多意外伤害发生

a.犬的运动训练必须有计划的经常进行，这样让犬在比赛时发挥最大的潜能；

b.犬必须经过训练，这样就会自动形成与所需运动相适应的优良形态。犬必须适合各种工作环境，这样就可以让脚活动自如；

c.在练习或竞赛开始前应该做热身运动，练习和竞赛结束后做放松运动；

d.必须饮足够的水以防止脱水，肌肉损伤程度应减至最小；

e.食物的类型应与运动的类型相适应，食物量应该能够保持犬健康；

f.训练前应检查场地与器材，消除潜在的不安全隐患。

常见运动伤害的急救处理

◆发生意外时要保持镇静

发生紧急状况的时候，最重要的就是头脑清楚、保持冷静，因为你的狗会感染你的情绪。如果必要的话，花几分钟重新整理思绪，让自己冷静下来。

不管你的狗在运动中受到了何种伤害，你一定要先尽量安抚你的狗。如果它因为恐惧或疼痛而看起来想咬人，你必须先给它戴上嘴套，然后拴住它。

尽快评估狗的生命现象，看看和平时有何不同。它休息状态的心跳次数应该是每分钟 80～120 下，每分钟呼吸次数在 20 次左右。正常的肛温应该介于 37.8～39.2℃。如果它一直抗拒量体温，你只好检查它的耳朵、鼻子、四肢。如果这些部位的温度比平常高或低，那么它的体温也不例外。

如果你发现任何割伤、抓伤或其他伤痕，带狗去兽医那里诊治。如果狗需要人抱，务必小心抱；如果狗需要固定不动，请一个人帮忙，一起把狗抬到临时担架上。

◆创伤的急救处理

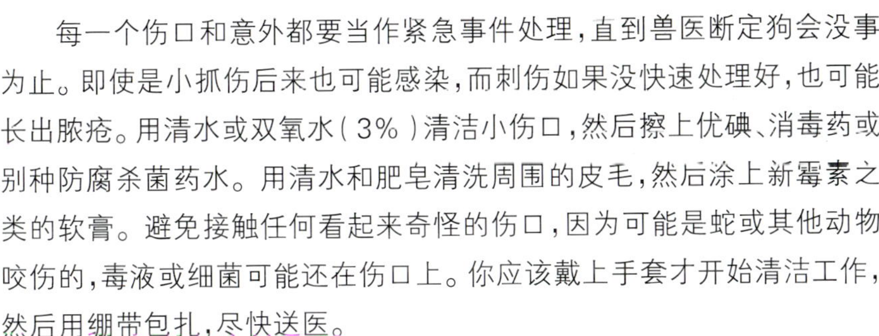

每一个伤口和意外都要当作紧急事件处理，直到兽医断定狗会没事为止。即使是小抓伤后来也可能感染，而刺伤如果没快速处理好，也可能长出脓疮。用清水或双氧水（3%）清洁小伤口，然后擦上优碘、消毒药或别种防腐杀菌药水。用清水和肥皂清洗周围的皮毛，然后涂上新霉素之类的软膏。避免接触任何看起来奇怪的伤口，因为可能是蛇或其他动物咬伤的，毒液或细菌可能还在伤口上。你应该戴上手套才开始清洁工作，然后用绷带包扎，尽快送医。

如果伤口流血，用纱布在受伤部位稍微加压，然后包扎起来。如果绷带太紧，伤口附近会轻微肿起。如果血流停止或变慢，就可以轻轻覆盖伤口然后送医治疗。如果血流太严重而无法止住，而伤口在四肢或尾巴，可以用一条厚绳或纱布充当止血带，在伤口上方靠近心脏的地方绑住。每 20 分钟要把止血带松开几分钟，让血能流到受伤部位。立刻带狗去给兽医治疗，注意有无休克现象，因为休克可能是失血过多造成的。

局部疼痛、跛行或肿胀可能是瘀伤、肌肉拉伤或扭伤。如果小问题没有在几天内自行痊愈的话，就必须寻求协助。如果问题更严重，你可能需

要用夹板固定四肢或身体部位。如果四肢从某处关节或骨头的正常位置变形偏离，表示可能有骨折，立刻把狗送医，尤其是骨头刺破皮肤的穿透性骨折。

◆正确搬动受伤的狗

在你带狗到兽医诊所之前，你应该决定是要固定它、抱着它或是帮它进入车子。当然这必须依照狗伤口范围来决定。是否应该用夹板固定骨折部位要视何种骨折而定。如果是移动式骨折，四肢会吊在折断部位以下，此时要做一个临时夹板，轻轻夹住四肢，而且衬上棉球，甚至纸尿布。然后拿一块硬纸板沿着受伤的腿部靠在受伤那一侧，用弹性绷带固定，这样可以让腿部固定不动，而且不会阻碍血液环境。如果有一段骨头好像悬垂着，而你不知道断的位置在哪里，不要试图用夹板固定脚。如果复杂性骨折你无法固定，就只要把干净的绷带覆盖在露出的骨头部分即可。

尽量轻声安抚劝狗上临时担架。如果腿部有部分麻痹现象、轻微疼痛或毫无疼痛，可能是脊椎骨折，这时不可直接把它起。须让它躺在木板上，避免脊柱再受到进一步伤害。把它抬上车的时候尽量让它保持平静不动，小心翼翼避免再度引起疼痛，事先打电话给兽医，让他早做准备。

◆休克症状的急救处理

如果狗的身体突然紧张起来，血流不足，组织无法获得足够氧气，它就容易休克。如果狗受重伤，得重病，服药剂量过多或任何其他突如其来的身体系统改变，都可能先引起心跳加快，呼吸急促，因为身体正在想办法调节。如果不加以处理，身体最后会缓和下来，使伤势和病况的影响减缓。狗的身体系统可能负担过重，以至于全部停摆，最后导致死亡。

休克症状除了脉搏虚弱快速，呼吸急促短浅之外，还包括体温降低或颤抖，四肢冰冷，皮肤苍白，安静而无活动力。血流供给不足可以简单检查出来，用手指按狗的齿龈直到齿龈变白，如果血流正常的话，应该在一两秒之内就会恢复正常的粉红色。

如果你的狗休克了，先处理最紧迫的症状。让它的头低于身体，如果它失去意识，除去它口中的分泌物。如果它没有呼吸，帮它做心肺复生术，但前提是你知道正确方法。等到它情况稳定了，用温暖的毛毯包着它，带去兽医诊所。可以用担架或是你自己抱。

◆呼吸困难的急救处理

如果你的狗呼吸困难，可能有异物阻塞在它嘴里或喉咙里，或是它有心脏毛病甚至可能是休克。为了找出确切原因，你应该快速检查它的生命迹象。

你的狗脚上踩的东西最后都可能进到它嘴里而卡在喉咙。如果它够冷静，你可以除去异物。也可以使用海姆利克操作法让呼吸道里的异物排出。正确的操作法是：站在它的后方，两手环抱住它腹部，就在肋骨下方，然后快速施压几下，或是把手掌弓成杯状，同时拍击胸腔两侧。小心控制你的力度，尤其是小型狗，因为太用力可能会折断它的肋骨。

◆痉挛的急救处理

痉挛的症状包括无法控制而原因不明的颤抖，失去意识，排泄无法控制。不要抓住你的狗，只要轻轻用毯子包住它，保护它的头，等痉挛结束。记下它最近吃过的东西，痉挛之前和之后的行为，以及发作时间长短与强度。如果痉挛时间超过几分钟或是连续发作，就应该尽快送医，或是打电话给兽医告知痉挛情形，请教处理方式。

◆中暑、冻伤的紧急处理

如果天气很热或很冷，狗的身体系统可能无法适应。中暑、冻伤、低体温症都可能发生。活动力降低，呼吸短浅，皮肤苍白冰凉都是低体温症的症状，在这种情况下，狗的体温急剧下降，身体无法集合足够热量，甚至会用颤抖方式产生热量。你可以用毛巾或毯子让它保暖，或是用吹风机吹冰凉的四肢末端。如果它一直无法回升到正常体温，或是失去意识，就必须打电话给兽医了。

耳朵、脚掌肉趾、尾巴尖端最易冻伤而变白，此时要把狗带进屋内或防风的地方，用你的手温暖冻伤的部位，用你的体温保持它身体温暖。如果它还是寒冷或没精神，可以慢慢敷上温热的敷布，不可使用热水或热敷布，因为回温太快会让狗的血管急速膨胀而导致血压急剧下降。记得要打电话请教兽医。

物理和专业治疗方法

物理治疗是通过使用各种无害疗法恢复身体的正常功能。物理治疗是兽医医学领域的最新发展，使用这些方法可以促进运动犬的恢复，不过物理治疗还在起步阶段。物理治疗有热疗法、肢体的被动运动、神经肌肉刺激或简单的重新训练方法等。使用科学物理治疗法有助于犬从骨科或肌肉的外科手术中得到恢复，或运动犬体力恢复。

◆物理治疗的好处

物理治疗旨在恢复运动犬受伤躯体部位的功能。事实上，外科治疗肌肉、腱、韧带的损伤，矫正骨折，这只是动物身体恢复的第一步。当没有足够的后继训练时，犬运动性能会受到影响。物理治疗有一大好处是可以让动物的主人参加治疗，主人就可以部分负责犬的恢复。物理疗法对病犬的好处还包括以下几个方面：

a.增强血液循环和淋巴流动；

b.减轻炎症；

c.加快替换组织的制造；

d.防止关节周围组织的挛缩；

e.促进恢复受伤部位的功能；

f.防止肌肉萎缩。

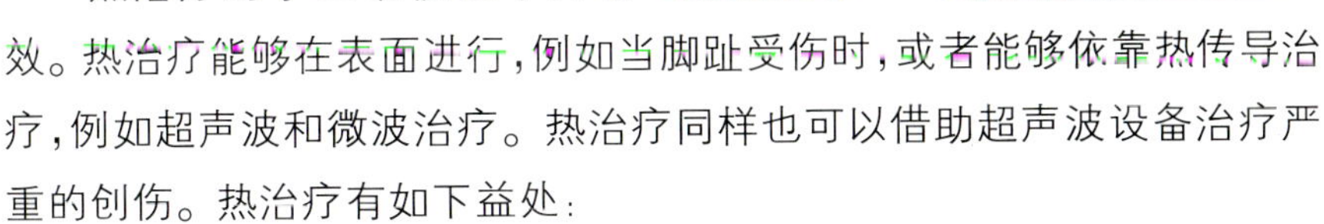

◆热治疗

热治疗对于运动恢复十分有效。热治疗能够在表面进行，例如当脚趾受伤时，或者能够依靠热传导治疗，例如超声波和微波治疗。热治疗同样也可以借助超声波设备治疗严重的创伤。热治疗有如下益处：

减轻炎症反应的严重程度（热、疼痛、肿胀、肌肉痉挛）

促进加热组织的新陈代谢速度

使得纤维创伤组织更加柔韧

增加血液流动

降低疼痛

◆被动活动和按摩

被动活动是治疗者对犬只强加的运动，试图恢复关节的运动范围，或者恢复柔软组织的柔顺性和弹性。这是治疗创伤的重要工具，防止组织黏着，保持关节的正常运动，促进血液和淋巴流动，防止肌肉挛缩以及关节僵化。这种类型的治疗可以在外科手术开始时同时进行，可持续 2～3 周。按摩疗法在没有肌肉损伤时使用，可降低疼痛，促进血液流通。

◆游泳恢复

游泳可让关节得到伸展，肌肉可以在负荷不太大的情况下工作。同样也可以使关节大范围的运动，可以在外科手术结束时进行游泳。

◆电刺激

通过皮肤，可用独立小元件带电刺激神经肌肉，可以使主要的肌肉

复位是否正确，要根据肢体外形，特别与健康肢对比，检查病肢的长短、方向，并测量附近几个突起之间的距离，以观察移位是否得到矫正。有条件的最好用 X 光检查配合修复。

C 固定 骨折整复以后，为了防止再移位和保证断端在安静状态下顺利愈合，必须对患部进行有效的固定。

外固定：常用的外固定方法有夹板绷带、石膏绷带、支架绷带等。

夹板绷带主要用于四肢骨折的固定，一般选用具有韧性和弹性的竹片、木条、厚纸片或金属板条等，按肢体形状制成相符的弯度，并内衬衬垫，用纱布、布带或细绳进行固定。

石膏绷带固定，首先保定病犬，必要时注射麻醉药物，再于病肢体上、下两端各绕一圈薄的纱布棉花衬垫物。同时将石膏绷带浸没于温水中，待石膏绷带浸泡适中（气泡完全排出为限），取出绷带，挤出多余水分。先从患肢远端环形绕起到近端，再来回作螺旋状逐层缠绕，最后分开绷带末端，进行打结固定。在缠绕时，应注意石膏绷带上、下端不能超出衬垫物，同时缠绕绷带的松紧要适中。为了加速绷带硬化，可用电吹风机吹干。

支架绷带主要用于四肢腕、跗关节以上的骨折，可以制止患肢屈曲、伸展，降低患肢的活动范围，以防止骨折断端再移位。常与夹板绷带、内固定等结合使用。犬用妥马氏(Thomas)支架绷带效果较好，即用直径0.3～0.5厘米的铝棒或钢筋制成。由上面的近似圆形的支架环和与之相连的两根支棒构成。环的大小和角度要适合前臂和胸壁间，或大腿与胁腹间的形状，勿使与肩胛部、髋结节等部位摩擦。前、后肢的支架棒要弯成和肘关节、膝关节、跗关节相符的角度。

内固定：用手术方法暴露骨折段，进行整复和内固定，可

使骨折部达到解剖学复位和相对固定的要求。特别是当闭合复位困难，整复后又有迅速移位，外固定达不到复位要求以及陈旧性骨折不愈合时，采用切开复位和内固定的方法是有效的。内固定的方法很多，应用时要根据骨折部位的具体情况灵活选用。

一般有髓内针（钉）固定、接骨板固定、螺丝钉固定、钢丝固定等方法。内固定时必须严格地遵守无菌操作，细致地施行手术，最大限度地保护骨膜和减少骨折部神经、血管的损害，积极主动控制感染，这些都是提高治愈率的必要条件。

D 药物疗法 使用一定的辅助疗法，有助于加速骨折的愈合。外敷药物可选用消肿止痛、活血散淤的中药，熬制成糊状，涂于骨折部周围，再用绷带缠紧固定。同时，可内服云南白药或七厘散等。为了促进骨痂的形成，可给予维生素 A、维生素 D 及鱼肝油、钙片等。为了防止开放性骨折感染，应用抗生素疗法。

E 物理疗法 骨折愈合后期，常出现肌肉萎缩、关节僵硬、骨痂过大等后遗症。可进行局部按摩、搓擦，增强功能锻炼，同时配合石蜡疗法、温热疗法、直流电钙离子透入疗法、中波透热疗法和紫外线疗法等，以促进早日恢复功能。

◆骨关节病

本病也称骨关节炎、变性性关节炎，是一种慢性骨关节病，以患病关节进行性炎症性增生和变性为特征。多发生于髋关节和膝关节，可由外伤、畸形、血管障碍和代谢障碍、激素不平衡、继发感染等引起。

临床症状

缓慢发展的跛行，常有不同程度的疼痛，关节僵硬随运动而减轻。可发生“嘎吱”声，有关肌肉表现萎缩。关节腔偶有积液，触诊可感知关节周

围的骨质增生。有些大型品种犬在骨成熟前也表现出骨关节炎的变化。

诊断措施

根据病情逐渐加重和关节骨增生，软组织不肿胀，可做出诊断。X 射线摄影可确诊。

治疗方法

完全治愈的可能性不大，以减轻疼痛、维持关节的功能为原则。因此，一般本病患犬多做淘汰处理。有价值的犬，可参考下列方法治疗：

A 药物治疗 投与水杨酸钠，出现镇痛效果后，改用阿司匹林 10～30 毫克 / 千克，每日 3 次口服，维持量为 2～5 毫克 / 千克；保泰松 50～100 毫克，消炎痛 0.5～1.0 毫克 / 千克口服，每日 2～3 次，效果较好。但保泰松不能长期使用。

B 手术疗法 外科手术切除股骨头，搔刮病灶，修复十字韧带和膝关节亚脱臼等，以固定关节。

另外，肾上腺皮质激素类药物注入关节内有明显效果，但不能连续使用。

患犬应注意限制运动，避免受损关节的活动。肥胖犬应更换低能量食物，减轻关节负重。

◆髋关节发育异常

髋关节发育异常是以髋臼变浅、股骨头不全脱臼、跛行、疼痛和肌肉萎缩为特征的多基因所致的复合性疾病。本病不是一种独立疾病。大型犬 7～9 月龄最多，其发病率较高，危害严重。犬本病是多因子或多基因遗传性疾病。主要表现为肌肉和骨骼以不同速度发育成熟，致使主要依赖肌肉组织固定关节（如髋关节）不能保持稳定。

临床症状

一般在幼犬 5～6 月龄时，开始出现髋关节疼痛和跛行，特别是后肢跛行明显，步幅异常，往往一后肢或两后肢突然跛行，起立困难，站立时患肢不敢负重，行走弓背或躯体左右摇摆，运动时可听见“喀嚓”声。关节松弛，触诊髋关节时，疼痛反应明显，反抗咬人，有的病犬因疼痛显著而出现食欲下降，精神不振。

随着病情逐渐恶化，2～3 岁时可发展为典型的骨关节炎。但并发骨骼骨软骨病的于发病后 10～12 个月也有跛行减轻的。

当触压髋关节时，疼痛反应明显。病犬不愿行走，坐势异常，上下台阶困难。

诊断措施

根据病史和临床症状以及 X 光检查可做出诊断。

治疗方法

A 保定疗法 髋关节发育异常早期可强制病犬休息，减少髋关节压力和磨损，防止不全脱臼进一步发展。同时使用保泰松、强的松龙等镇痛消炎剂，减少疼痛。

B 手术疗法 手术有骨盆切开术，股骨头、颈切除术及耻骨肌切断术等。

◆膝盖骨脱臼

膝盖骨脱臼是膝盖骨由正常的位置（滑车沟上）向内侧或外侧脱出的状态。以髋关节内偏、股骨颈前倾度降低为特征，同时，导致后肢屈曲的同时表现肌肉萎缩。临床上把本病分为三类，即外伤性、习惯性、先天性。

临床症状

A 外伤性 多见于膝盖骨内脱位。突然发病，关节疼痛、肿胀，站立

时患肢强直，呈压后姿势。

B 习惯性 主要是膝盖骨上方脱位，表现间歇性跛行。脱位时，患肢离地，以三肢跳跃式行走，患肢不能屈曲。

C 先天性 出生 6 周后，膝关节明显变形。

诊断措施

根据视诊、触诊、强迫运动及与侧健肢比较可以诊断。

治疗方法

A 外伤性 治疗外伤性的同时，应及时对膝盖骨进行复位。如有感染应进行全身抗生素疗法。

B 先天性和习惯性 可采取手术的方法，如缝合外侧关节囊、加深滑车沟、重造关节周围韧带或关节囊。

◆椎间盘突出

椎间盘突出是椎间盘纤维环破裂和髓核突出，压迫脊髓而引起以运动障碍为主要特征的一种脊椎疾病。

临床症状

颈椎间盘突出时，疼痛突出症状，呈连续性或间歇性，病犬常突然痛叫，运动时疼痛剧烈。犬颈部、前肢过度敏感，触诊颈部疼痛剧烈和肌肉极度紧张，颈部伸直或侧弯，鼻尖抵地，耳竖起，腰背弓起，严重者前后肢麻痹，步态不稳，共济失调或四肢截瘫。

胸腰椎间盘突出时，轻者，不愿走动，呻吟，局部疼痛敏感，活动不灵活，呈弓背、紧腹姿势。重者，出现紧张性或弛缓性轻瘫，后肢及臀部麻痹，导致呼吸紊乱。

诊断措施

通过仔细的神经系统检查和 X 光诊断，可获正确的诊断和病变定位。

治疗方法

A 对症疗法 采取限制犬活动、消炎镇痛的方法。口服乙酰水杨酸 300 毫克，3 次 / 天；口服保泰松 40 毫克，3 次 / 天；三磷酸腺苷二钠 5～10 毫克；皮下注射，1～2 次 / 天；维生素 B_1、维生素 $B_2$50～100 毫克，皮下注射，2 次 / 天。

B 物理疗法 热水浴、远红外线、超声波、磁疗法等方法也都有一定效果。

C 中医疗法 利用针灸、口服中药、全身按摩的方法来治疗本病。

D 手术疗法 对于以上方法均无效的病例，可采取手术疗法。

◆关节创伤

关节创伤是关节囊、关节韧带以及关节部软组织的开放性损伤。常由锐性外力撕裂、挫切造成，按关节囊是否与外界相通，分为关节透创和非透创。

临床症状

关节非透创 轻者关节皮肤破损，出血，疼痛，轻度肿胀，重者皮肤创口下方形成创囊，内含挫灭组织和异物，容易引起感染。

关节透创 创口流出黏稠、透明、淡黄色的关节滑液，有时混有血液或由纤维素形成的絮状物。

诊断措施

根据临床症状、关节穿刺、细菌学鉴定、X 光检查诊断。

治疗方法

A.关节腔穿刺或切开排脓，冲洗引流，随后注入皮质激素和抗生素混合液。

B.经药物试验后选择敏感抗生素，静脉输液，连续应用数周，直至感染控制、平息。

C.适当活动关节，防止粘连，但病程较久的，关节软骨和关节破坏一般较为严重，炎症控制后关节会有不同程度的强拘，功能不能完全恢复。

◆黏液囊炎

黏液囊炎是黏液囊化脓性或非化脓性炎症。常见于猎犬等大型犬，多在肘头部发生。多是黏液囊遭受机械性损伤刺激引起。

临床症状

肘头黏液囊炎时，肘头顶端出现局部圆形、柔软的肿胀，初期温热，稍有疼痛，触诊波动，穿刺液往往是浆液性渗出液。继续发展，由于渗出液的浸润和黏液囊周围组织的增生，囊壁变厚，并发行纤维化，则肿胀变为坚实。

如黏液囊受感染，可继发急性化脓性炎症。由于囊内蓄积脓汁的侵蚀，囊壁破溃，形成黏液囊瘘，从中流出黏液性分泌物，经久不愈。

诊断措施

根据病史、症状、穿刺液检查可初步诊断。

治疗方法

治疗原则：消除病因，制止渗出，促进吸收，消除积液，预防感染。

A 消除病因 在犬肘头部包裹护垫，防止肘部继续遭受损伤。

B 排除积液，制止渗出 用穿刺的方法将黏液囊内液体抽出，注入醋酸甲基强的松龙 20～100 毫克/次，1 次/天。

C 消除脓汁 对于感染化脓的，应早期切开排脓，刮去囊壁内层脓汁和组织，用双氧水清洗，再用生理盐水冲洗干净后注入 0.5% 普鲁卡因青霉素溶液。

D 外科手术 对黏液囊炎转为慢性的，应施行手术摘除。

E 抗菌消炎 全身应用抗生素治疗，如每千克体重青霉素 8 万单位、先锋五号 0.1 克，用 5% 葡萄糖 500 毫升稀释，静脉注射，1～2 次/天，用药直到炎症消除为止。肌肉注射减半。

◆腱炎

腱炎是腱的炎症。一般分为化脓性腱炎、非化脓性腱炎、侵袭性腱炎等几类。非化脓性腱炎是由于犬因长时间奔跑，急速奔跑或跳跃障碍时腱剧烈伸展，损伤腱纤维而发病；化脓性腱炎常因为腱的创伤感染或由于周围组织化脓性炎症的蔓延而引起；而寄生虫（蟠尾丝虫）则可引起侵袭性腱炎。

临床症状

急性腱炎犬突然发生不同程度的跛行，患部增温，肿胀疼痛。如病因不除掉或治疗不当，则易转为慢性炎症，腱变粗而硬固，弹性降低乃至消失，出现腱的机械障碍。或因损伤部位的肉芽组织机化形成瘢痕组织，腱短缩，甚至与之有关的关节活动均受限制，即腱挛缩。

经常反复损伤所引起的慢性纤维性腱炎，临床特征是患部硬固疼痛肿胀。病犬运动开始跛行严重，随着运动则跛行减轻或消失。休息后，慢性炎症的患部迅速出现淤血，疼痛反应明显加剧。化脓性腱炎常发部位在腱膜间的结缔组织，因而常并发局限性蜂窝织炎，最终可以引起腱坏死。

诊断措施

根据病史、临床症状分析诊断。

治疗方法

治疗原则：减少渗出，促进吸收和出血凝固，防止腱束的继续断裂，恢复功能。

A 急性炎症期　首先保持病犬的安静，其次冷敷冷浴，外加绷带固定来控制炎症的发展和减少渗出，最后给予病犬消炎镇痛剂，如消炎痛、消炎灵等。另外，也可将盐酸普鲁卡因溶液注于炎症患部进行封闭疗法。

B 对亚急性或慢性　经过时间不久，应用热疗法，促进消炎和吸收，如温敷电疗、离子透入疗法、石蜡疗法。

C 对慢性腱炎　局部应用刺激剂，促进渗出物的吸收和增生物的消散，同时适当进行功能锻炼。

GEORGE BEG
BEST IN SHOW
JAXON KENNEL CLUB

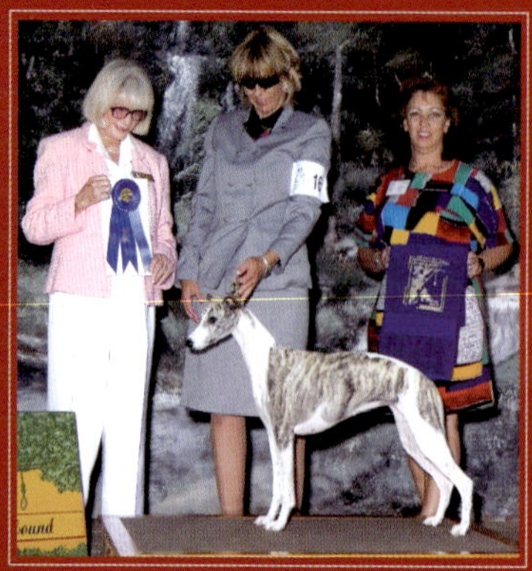

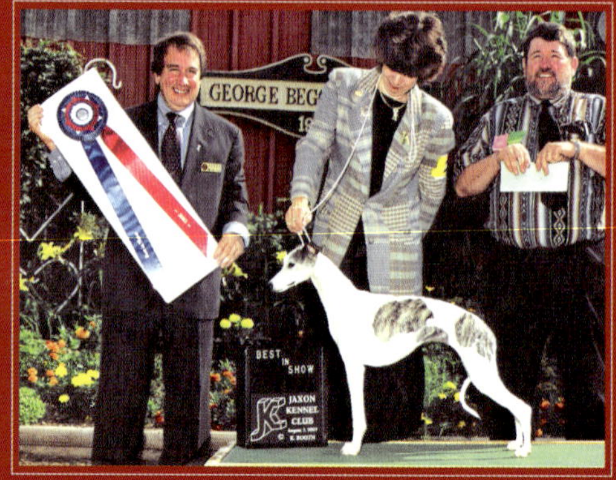

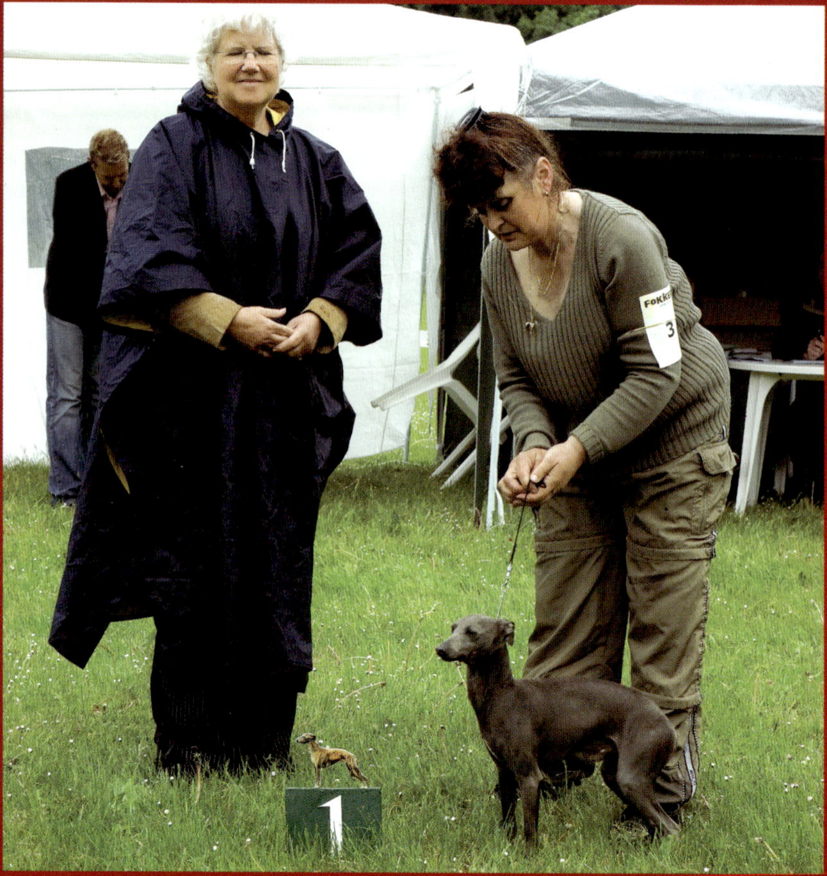
3
1

1

WINNERS
DOG
NEW
CHAMPION